重庆市职业教育学会规划教材／职业教育传媒艺术类专业新形态教材

景观植物配置设计

JINGGUAN ZHIWU PEIZHI SHEJI

主 编 何婉亭 黄 海 李文骥

副主编 朱 玥 潘启渝 傅国华

重庆大学出版社

图书在版编目（CIP）数据

景观植物配置设计 / 何婉亭，黄海，李文骥主编. -- 重庆：重庆大学出版社，2025.1
职业教育传媒艺术类专业新形态教材
ISBN 978-7-5689-3726-9

Ⅰ.①景… Ⅱ.①何… Ⅲ.①园林植物—景观设计—职业教育—教材 Ⅳ.①TU986.2

中国国家版本馆CIP数据核字（2023）第199245号

职业教育传媒艺术类专业新形态教材

景观植物配置设计
JINGGUAN ZHIWU PEIZHI SHEJI

主　　编：何婉亭　黄　海　李文骥
副 主 编：朱　玥　潘启渝　傅国华
策划编辑：席远航　蹇　佳
责任编辑：席远航　　装帧设计：品木文化
责任校对：邹　忌　　责任印制：赵　晟

．．

重庆大学出版社出版发行
出版人：陈晓阳
社　　址：重庆市沙坪坝区大学城西路21号
邮　　编：401331
电　　话：（023）88617190　88617185（中小学）
传　　真：（023）88617186　88617166
网　　址：http://www.cqup.com.cn
邮　　箱：fxk@cqup.com.cn（营销中心）
全国新华书店经销
印刷：重庆长虹印务有限公司

．．

开本：787mm×1092mm　1/16　印张：11.75　字数：233千
2025年1月第1版　　2025年1月第1次印刷
ISBN 978-7-5689-3726-9　定价：48.00元

．．

前　言
FOREWORD

　　本书依据景观设计行业中植物景观设计师岗位的核心职业能力进行编写。本书遵循"以行业需求为导向、以能力为本位、以学生为中心"的原则，将植物景观设计师岗位的核心能力要求作为专业课程的教学目标和鉴定标准。教学内容根据岗位能力进行组织，并针对高职学生的学习特点设计教学活动。本书设计的教学活动主要模拟设计工作场景，让学生通过实践中的学习活动将知识与技能有机融合；通过模拟学习活动让学生熟悉景观植物造景的工作流程和设计规范；通过小组活动培养学生的交流、团队合作等关键通用能力；通过案例分析、任务驱动等学习活动培养学生分析和解决问题的能力，使学生主动参与学习过程，提升职业素养。

　　本书以植物景观设计师岗位的工作流程为主线进行编写，将合作企业的实景项目编入教学案例。第一单元为设计前期的调研与分析，旨在帮助学习者认识常见观赏植物、掌握设计前期分析，并具备植物设计前期综合分析的能力。第二单元为植物景观方案设计，旨在帮助学习者掌握植物景观空间结构设计、种植形式设计、植物品种选择、植物景观方案设计图的表达，并具备绘制和设计植物景观方案文本的能力。第三单元为植物景观施工图设计，旨在帮助学习者了解植物施工图的编写规范、掌握植物施工图的绘制，并具备绘制植物景观施工图的能力。第四单元为植物景观综合项目设计，旨在帮助学习者掌握城市道路、广场、居住区等植物景观设计，并具备设计多种植物景观项目的能力。前三单元以小游园植物景观设计任务为案例进行讲解和练习，每个单元的学习内容按照植物设计工作流程编写。第四单元则选择道路、广场、居住区等三种典型项目作为学生深化学习的内容。本书建议的学时为56学时。

　　本书由重庆工业职业技术学院的何婉亭、重庆工程职业技术学院的黄海、重庆工业职业技术学院的李文骥担任主编，由重庆工业职业技术学院的朱玥、潘启渝、重庆一画规划设计咨询有限公司的傅国华担任副主编。书中项目一的任务一由李文骥编写，任务二由黄海编写；项目四的任务二的学习活动1由朱玥编写，学习活动2由潘启渝编写，学习活动3由傅国华编写，其余部分均由何婉亭编写。在本书编写过程中，得到了园林行业专家们的大力支持，并参考了大量国内外相关书籍，借鉴了行业规范标准，在此向相关作者及资料提供者表示衷心的感谢。

　　由于编者水平有限，书中不当之处在所难免，诚恳希望读者和专家提出批评和指正。

编者

2024年12月

目 录
CONTENTS

项目一｜设计前期的调研与分析

通过学习本项目,学生应该具有开展植物造景设计前期调研和分析的能力,具体表现如下。

1. 能够识别常见的园林植物品种并了解其特征。

2. 能够对园林植物品种进行分类。

3. 能够与委托方进行有效沟通,收集委托方的设计需求,整理出设计需求清单。

4. 调研基地现场环境,能够进行全面的场地分析。

5. 遵守国家相关政府部门对于植物的管控政策。

6. 具备团队协作与沟通能力,在调研过程中,能够积极与项目团队成员有效互动。

7. 具备应用技术能力,在调研和分析过程中,能够正确应用相关工具,完成前期场地设计数据的统计。

任务一　常见园林植物品种调研

通过对本任务的学习,学生应该达到以下目标。

1. 能够观察和识别常见的园林植物品种。

2. 知道园林植物的特征及其在景观设计中的应用方法。

3. 知道不同植物品种的生长要求。

1. 使用专业书籍、植物数据库等学习资源获得植物品种的相关信息。

2. 能够向他人有效地传达关于植物品种的信息。

学习活动 1　园林植物的分类及选择原则

一、植物造景的概念

植物造景是指利用各种植物材料在园林环境中进行构思、设计和组合，创造出一种具有美感、表现力和生态性的景观效果。植物造景的目的是利用植物的形态、色彩、质感等特点，营造出一种自然、舒适、和谐的景观空间，使人们在其中感受到自然和文化的完美结合。

植物造景的内容通常包括植物的选择、布局、种植和修剪等方面，植物造景需要充分考虑不同植物的形态、生长速度、色彩和季节性等特点，以使整体景观达到协调和美观的效果。同时，植物造景也需要充分考虑植物本身的生态性，根据环境合理选择植物品种，降低植物病虫害及死亡的风险，保护生态环境。

植物造景是园林景观设计非常重要的一部分，不仅可以美化城市环境，也能提升人们的生活品质和幸福感。

二、园林植物的分类

植物有很多种分类方法，但在植物造景时，常用的植物通常按照形态特征和体量大小分为 5 类：乔木、灌木、藤本植物（不含灌木）、地被植物及草本花卉（不含藤本和地被植物）。

乔木：有单一明显主干的木本植物，主干直立且在离地表有一定高度后才开始分枝，树干和树冠有明显区分，树冠具有一定形态，高度一般超过 5m。乔木在景观中具有点缀、遮阴、划分空间等作用。

灌木：较矮小的木本植物，多分枝，枝干通常分散地从基部生长出来，高度一般在 5m 及以下。灌木常用来作为边界、屏障、花坛等种植。

藤本植物（不含灌木）：具有攀缘的特点，通过依附建筑物或构筑物向上攀开。藤本植物可以用来覆盖墙壁、围栏、花架等，增加垂直绿化效果。

地被植物：低矮而密集的植物，在地面上蔓延并形成覆盖层，用于填补地面空隙，增添地面层次感。

草本花卉（不含藤本和地被植物）：多是一年生或多年生的非木本植物，通常具有柔软的茎和叶子。草本花卉常应用于花坛中，需要根据季节定期进行重新栽植。

每种植物类别在景观设计中都有其特定的应用和效果。在进行植物造景时，需要结合景观设计的需求和场地条件，选择合适的植物类别和品种，以创造出

码1-1

丰富多样、美观和可持续的景观效果。

三、园林植物选择原则

1.功能性原则

  植物在景观中具有创造空间、调节小气候、形成景观焦点、改善空气质量和保持水土等多种功能，不同的植物具有不同的功能。例如，一些灌木可以形成屏障或绿墙，用来划分不同功能区域；冠幅大且枝叶浓密的乔木可以遮挡阳光，提供阴凉的树下空间；一些色叶植物因为秋天叶子会转变为黄色、红色等明亮而鲜艳的颜色，与周围的绿色植被形成鲜明的对比，可以创造出景观中的视觉焦点。因此，我们在进行植物造景时，需要根据具体的设计需求和场地特点，选择具有一定功能的植物品种。

图 1-1 植物提供树荫

图 1-2 植物创造空间

2.适应性原则

  植物不同于景观小品或建筑物，它们是有机体。我们在进行植物造景时，需要遵循"适地适树"的原则，即根据不同地域的自然环境、土壤条件和气候特点等因素，选择适宜生长的树种，并多选用乡土树种，以保证树木能够生长良好，并与周围的环境相协调。

图1-3　南方特色乡土树种营造出南方景观特色　　图1-4　北方特色乡土树种营造出北方景观特色

多选用乡土树种是保护生态环境的重要手段，因为乡土树种已经适应了当地的气候、土壤和生态环境，生长周期短、抗病能力强、适应能力强，更容易生长成熟。而引进的外来树种则可能无法适应当地的环境和气候，容易死亡或发生疾病，甚至对当地的生态环境造成破坏。在植物造景中，基调树种的选择一般以乡土树种为主，其数量应该超过80%。

3.艺术性原则

植物的形态、颜色等具有美学价值，在进行植物造景时，选择合适的植物品种，遵循艺术性原则，可以获得设计所追求的美学效果，使设计主题和周围环境相协调。我们需要充分利用植物材料本身的特性，平衡"对比与调和、节奏与韵律"这两组关系。

对比：通过不同元素之间的差异突出重点，增强设计的层次感和视觉效果。在植物造景时将不同的要素进行组合，通过不同植物形体、线条、色彩的对比，可以使园林景观更加突出。

调和：画面中各个组成部分整体上达到和谐一致，给人视觉上带来美感享受。植物造景时，把相似的植物要素进行组合，通过采取协调的形式增强它们之间的联系。

节奏：各元素之间呈现出一种规律和序列。植物造景时，将要素按一定的规律重复、连续地排列植物，使之形成一种律动的效果。

韵律：通过有组织的变化和有规律的重复，形成一种有节奏的视觉效果，给人以美的感受。植物造景时，以基本的种植序列为基础，进行一定的变化和重复，增强设计的动态感和艺术表现力。不是简单的重复，而是比节奏更高一级的律动，是在节奏基础上起伏、流畅与和谐。

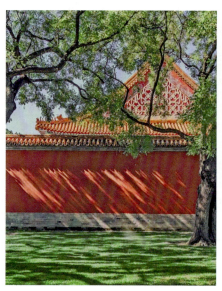

图1-5 对比（左）与调和（右）

图1-6 节奏与韵律

4.文化性原则

在进行植物造景时，需要考虑当地的文化背景和地方特色，选择适宜的植物品种和配置方式，这样可以突出地域的独特性和多样性，打造出有文化内涵的植物景观。

许多植物在我国传统文化中都具有象征意义。例如，梅花象征着坚强和纯洁，菊花象征着坚贞和不屈不挠，荷花象征着清雅和高洁。植物的象征意义在

图1-7　中国古典园林中的梅花

图1-8　西湖十景之曲院风荷

植物造景中被广泛运用，通过运用这些植物，可以传达特定的文化价值观和情感体验。杭州西湖十景之曲院风荷景点，就是通过种植大量荷花来营造"出淤泥而不染，濯清涟而不妖"的景观文化。

5.经济性原则

在园林工程中，植物的价格会直接影响项目的预算。不同的植物品种在苗木市场上的价格存在差异，同一植物品种的不同品质和体量也会使植物价格存在差异。在进行植物造景时，我们需要考虑项目的预算限制，选择价格在可承受范围内的植物品种，以确保整体设计的可行性。

另外，植物后期的养护费用也会因为品种不同而存在差异，例如相较于其他地被植物，草坪后期因为需要进行频繁的修剪、浇水、病虫害防治等，整齐费用就比较高。所以，我们在进行植物造景时，需要根据项目的预算和植物后期的养护需求来选择合适的植物品种。

思考题

1.园林植物按照其形态特征和体量大小可分为哪几种类型？分别列举5种植物。

2.阐述园林植物的选择原则，针对其中的经济性原则，我们有哪些应对策略？

实践题

查找中国古典园林中植物（至少10种）的象征意义，制作PPT文件，要求图文结合，版面美观。

码1-2

学习活动 2　识别常用乔木

一、乔木的规格

高度（H）：乔木从地面到最高生长点之间的垂直距离，以 m 为计量单位。乔木的高度对景观设计起着重要的作用。

胸径（Φ）：乔木树干离地面 1.3m 处的直径，以 m 为计量单位。胸径是影响乔木价格的主要因素。

冠幅（W）：乔木树冠水平投影的直径，以 m 为计量单位。冠幅对于空间营造具有重要作用，一般来说，冠幅越大，乔木的观赏价值越大。

分枝点高：乔木树干上的分枝点到地面的垂直距离，以 m 为计量单位。分枝点高会对空间营造产生一定影响，一般来说，用作观赏树木的乔木分枝点较低，用作行道树的乔木分枝点较高。

二、乔木的分类

1.按高度分类

乔木按照高度的不同可以分为伟乔木、大乔木、中乔木、小乔木 4 类。

伟乔木：高度一般在 31 米以上，如香樟、银杏等。

大乔木：高度一般为 21~30 米，如梧桐、槐树等。

中乔木：高度一般为 11~20 米，如樱花、板栗等。

小乔木：高度一般为 5~10 米，如石榴、紫薇等。

乔木的高度在植物造景中十分重要，掌握每种景观乔木的高度有助于打造出错落有致、层次分明的植物景观。

2.按外观特性分类

乔木根据叶片在一年中是否脱落，可分为常绿乔木和落叶乔木；根据叶片的形状，可分为阔叶类乔木和针叶类乔木。

依据以上两个外观特性，可将乔木分为以下 4 类。

常绿阔叶乔木：四季树叶常绿，叶形圆润，具有很高的观赏价值，是植物造景中常用的乔木类型，如香樟、广玉兰、小叶榕、桂花等。

常绿针叶乔木：四季树叶常绿，枝叶密集，冠幅较小，叶色较深，如龙柏、圆柏、侧柏等。

落叶阔叶乔木：叶形特征与常绿阔叶乔木相同，但叶片通常在冬季或干燥季节来临之前变为黄色、橙色或红色，然后掉落，以适应环境条件的变化。落叶阔叶乔木因其在不同季节的叶片颜色变化，可以创造出丰富的季节性景观，如银杏、悬铃木、枫树等。

落叶针叶乔木：针叶乔木通常为常绿，但少数针叶乔木的叶片会在冬季脱落，如金钱松、水杉、落羽杉、池杉、落叶松等。

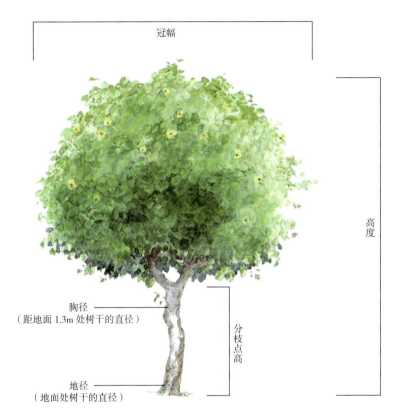

图 1-9　乔木规格图解

图 1-10　常绿阔叶乔木：桂花

图 1-11　常绿针叶乔木：雪松

图1-12 落叶阔叶乔木：银杏

图1-13 落叶针叶乔木：水杉

三、常用的乔木品种（植物图：二维码）

园林景观绿化中，常用的乔木品种如下表所示。

码1-3

表1-1 常用乔木品种

品种名	识别特征	园林应用
八棱海棠	花粉白色，果实红色，果实四周具有8个凸起棱	可用于公园绿化、道路绿化、庭院点缀
白皮松	最高可达30m，塔形或伞形树冠	庭院树种
北美海棠	小乔木，整株色彩丰富	可用于丰富景观颜色
碧桃	树皮暗红色，先开花后长叶	观花树种
茶梅	小乔木，叶片革质，花兼具梅花和茶花的特点	在庭院中可作为孤植树，也可用于门前对植
垂柳	高大乔木，叶片舒展，披针形	中国古典园林中的标志性树种，适合在水边种植
垂丝海棠	花丝下垂，花向下开	可作为大型盆栽
凤凰木	落叶大乔木，花大，鲜红色	可作为孤植景观树
石榴	小乔木，花瓣红色，浆果球形	开花树种，应用于公园、庭院
广玉兰	常绿乔木，花朵似荷花	可净化空气，可应用于公园，也可作为行道树
桂花	常绿，花梗极细弱，花极芳香	开花树种，可应用于公园
槐树	羽状复叶，圆锥花序，芳香	公园、校园中的重要大型绿化树种，同时可以耐空气污染，适合应用于厂区绿地
合欢	树冠开展，花序排列为圆锥状，似绒球	林荫树种、观花树种，可作为行道树
红枫	小乔木，掌状叶片红色	适合种植于草坪中央、建筑四周的角落

品种名	识别特征	园林应用
鸡蛋花	小乔木，分枝极细密	庭院开花树种，也适合作为亚热带地区的城市绿化树种
红梅	花淡粉色或红色，着生于叶腋间	庭院、风景区、公园均适合种植
紫叶李	树干紫灰色，叶紫红色	适合孤植、群植，适合种植于建筑旁、小路两侧
红叶石楠	叶片革质，新叶鲜红色	可作为行道树，较小时也可作为绿篱
黄葛树	落叶乔木，叶薄革质，有板根或支柱根	可孤植，也可以作为行道树
白兰（黄葛兰）	高可达17米，叶浓绿，花清香，不结实	著名的庭院树种，也可作为行道树
黄连木	树干扭曲，先开花后长叶，木材黄色	根系茂密，防风固土，公园、风景区适合种植
鸡爪槭	树形优美，叶片秋季转为红色	抗污染，彩叶树种，可作为行道树
榉树	大乔木，高达30米，树皮不规则剥落	在公园和风景区中广泛应用
巨紫荆	伞形树冠，花同紫荆，簇生于老枝上	适合种植于城市道路两旁、河岸、公园
榔榆	落叶乔木，秋季开花，花呈簇状，树皮呈不规则鳞状	可配置于山石间、亭台处，也可作为抗污染树种
乐昌含笑	种子红色，叶深绿色，花芳香	适合作为行道树及林荫树
栾树	落叶，羽状复叶	耐寒，观花及观果乔木
罗汉松	叶螺旋状着生，种托红色，种子形似罗汉	庭院树种，也可应用于公园
美人梅	叶互生，花淡红色，果实鲜红色	观花赏叶，配置于公园、庭院中，也可作为行道树
木芙蓉	花单生，花初为白色，后转为红色	观赏植物，适合配置于水边，也可群植
朴树	叶片革质，花黄绿色，果实橙黄色	可作为行道树、小区绿化骨干树种，也可作为抗污染树种
三角枫	落叶乔木，秋季叶片暗红色	可作为林荫树、行道树、护岸树种
水杉	高大，树冠塔形，羽状叶	子遗植物，适合种植于公园、风景区
天竺桂	叶倒卵形，三出脉	长势极强，可作为行道树，也可作为公园树种

续表

品种名	识别特征	园林应用
乌桕	树皮有竖向裂纹，叶片菱形	适合种植于道路景观带，也可应用于公园、风景区
无患子	高大，果实橙黄色，叶片为复叶	优良的林荫树种，是生态绿化的首选树种，也可作为行道树
五角枫（槭）	叶片纸质，秋季转为红色	可作为庭院树、行道树，也可作为混交林的树种
西府海棠	小乔木，伞形花序，花朵密集	著名的观花树种，适合孤植、列植、丛植
香泡（香橼）	花暗紫红色，果实淡黄色	观果植物，可在公园、庭院栽植，也可作为盆景
小叶榄仁	树冠伞形，主干挺直，侧枝轮生	可作为风景树、行道树
小叶桢楠（细叶楠）	大乔木，枝条纤细	优良的林荫树，也可作为行道树
雪松	常绿针叶大乔木，叶深绿色簇生	根系浅，优良的绿化树种，可于广场、草坪中央孤植
杨梅	常绿乔木，树冠球形，果实艳红	园林优势树种，可作为园林先锋树种
银杏	高可达40米，树冠圆锥形，叶片秋季转为金黄色	庭院、公园、风景区、道路旁均可栽植
云杉	树皮呈不规则鳞片状脱落	优良的庭院绿化树种，也可栽植于室内
皂荚	枝为刺圆柱形，带状荚果	道路绿化树种
紫薇	树皮平滑，花紫红色，生于顶端	适合应用于公园、单位绿地
紫玉兰	中国特有，花为瓶形，紫红色	观花树种，适合种植于庭院前后或公园内

思考题

1. 重庆本地的乡土乔木品种有哪些？试说出其名称、特征，并描述其用途。

2. 如果让你规划学校校门前的市政道路景观，你会选择哪几种行道树？说明选择的理由。

实践题

借助卷尺、皮尺、量树尺（用于测量植物胸径）等工具，调研校园内15种以上乔木品种，将相关信息填入下表。

序号	照片	识别特征	名称	高度（m）	冠幅（m）	胸径（m）	分枝点高(m)	用途描述
1								
2								
……								

学习活动3 识别常用灌木

码1-4

一、灌木的规格

高度（H）：灌木从地面到顶部的垂直距离，通常使用 m 作为单位进行测量。高度的测量可以帮助评估灌木的生长状态和尺寸，以及其在景观设计中的垂直层次感。

冠幅（W）：灌木树冠的水平展开范围或宽度，通常是指从一个侧面到另一个侧面的最大水平距离，使用 m 作为单位进行测量。冠幅的测量可以帮助评估灌木的空间占用和覆盖范围，以及其在景观设计中的水平层次感。

图 1-14 灌木规格图解

地径（D）：灌木的主干在地面水平方向上的直径，通常使用cm作为单位进行测量。地径的测量可以帮助评估灌木主干的粗细和灌木的稳定性，以及灌木在景观设计中的结构性特征。

二、灌木的分类

1.按高度分类

灌木按照高度的不同可以分为大灌木、中灌木、小灌木。

大灌木：高度在2m以上，如海桐等。

中灌木：高度为1~2m，如绣球等。

小灌木：高度在1m以下，如六月雪、茉莉等。

2.按外观特性分类

灌木根据叶片在一年中是否脱落，可分为常绿灌木和落叶灌木。

常绿灌木：树叶四季常绿，经常用来营造绿篱，可以很好地与乔木进行搭配使用，以实现低矮空间的围合或景观区域的划分。常用的常绿灌木有金叶女贞、球柏、小叶黄杨等。

落叶灌木：特定季节（通常是秋季或干燥季节）落叶。很多落叶灌木都有美丽的花朵，能够为景观带来多变的色彩和季相特征，如小叶丁香、连翘等。

另外，灌木的形态、色彩多种多样，观赏特性各不相同，有些灌木有着非常独特的观赏特性，如开花灌木迎春花、连翘、榆叶梅，彩叶灌木紫叶小檗、金叶女贞、花叶黄杨，观果灌木小檗、小紫珠、火棘，观枝干灌木红瑞木、金枝柳、银柳。

图1-15　常绿灌木常作为主要绿篱植物　　　图1-16　落叶灌木在景观设计中作为装饰植物

三、常用的灌木品种（二维码：植物图）

园林景观绿化中常用的灌木品种如下表所示。

码1-5

表1-2　常用灌木品种

品种名	识别特征	园林应用
八角金盘	茎光滑，叶大，植株挺立	抗二氧化硫，可种植于门窗边，也可作为庭院中的林下植物
北海道黄杨	叶片革质，花白绿色	孤植、列植、群植均可，同时可作为抗污染园林植物
茶花	花顶生，红色，无柄	可在门前对植，也可作为组团点缀
春鹃	顶生伞形花序，花玫瑰色，有深紫红色斑点	非常适合种植于湿润的林下空间，也可以作为草坪镶边植物
春羽	全叶羽状深裂，革质	适宜种植于湖畔、林下，也可沿路栽植
大叶黄杨	小枝无毛，叶革质，窄卵形	抗性极强，适用于营造街边绿篱，也可作为公园中的绿化树种
大花栀子	叶对生，花单生于枝条顶端	优良的庭院树种，可种植于建筑旁，也可作为绿篱
粉苞冬红	高3~7m，花枝垂吊，花朵鲜红	公园、庭院的绿化树种
佛顶桂	树冠紧凑，花序繁密，集中于顶端	抗污染园林植物，可作为公园、庭院的绿化树种
富贵蕨	叶片簇生于茎干顶端，向外弯垂	可作为组团配饰，由于离体存活时间长，也可以作为切花配饰
龟甲冬青	枝干苍劲古朴，叶面突起，呈龟甲状	成片栽植，也可用于组团纹理的填充，亦适用于花坛、树池的营造
海桐	叶片浓密且具有光泽，花白色，芳香	抗污染树种，可作为造型树种，也可种植于建筑两侧
红花檵木	树皮浅灰色，嫩枝红色，叶面暗红色	耐修剪，彩叶植物，可作为绿篱，也可作为树桩盆景
红瑞木	树皮紫红色	可与常绿植物相互搭配栽植于庭院、草坪
红叶石楠	叶片革质，新叶鲜红色	可作为绿篱，也可集中成片种植
银姬小蜡	叶卵形，叶缘镶嵌有乳白色区域	可作为色块配色植物，也可作为绿篱或灌木球
黄金叶（金叶假连翘）	叶披针形，叶面黄色，花冠蓝紫色	广泛应用于绿篱、花廊的营造，也可作为盆景
灰莉	叶片稍肉质，花漏斗状，芳香	室内观叶植物，也可种植于建筑旁
辉煌女贞	女贞的彩叶品种，叶亮绿色	可种植于视线焦点处，也可搭配草坪、地被植物种植
假连翘	叶对生，总状花序腋生	绿篱植物
结香	叶先于花凋落，头状花序顶生	作为观花树种应用于庭院、公园
金边黄杨	叶缘有钝齿，叶片周围有不规则的黄色区域	耐修剪，常见的绿篱树种，也可种植于花坛中

续表

品种名	识别特征	园林应用
金脉爵床	叶脉金色，外形独特	色彩鲜亮，可作为室内绿植，也可用于装饰花坛
金叶女贞	新叶为金黄色，小花白色	可作为绿篱栽植
十大功劳	叶大且较多，表面光滑无毛	可作为盆栽摆于室内，也可作为绿篱或与其他植物搭配使用
锦绣杜鹃	半常绿灌木，花朵颜色艳丽	可作为林下植物，也可作为花坛周围的镶嵌植物
毛叶丁香	圆锥花序直立，顶芽或侧芽抽生	庭院、广场、公园均适合栽植
米兰	每个枝条着生小花，小花只有米粒大小	可作为盆栽植物，也可作为观花植物应用于园林中
南天竹	小灌木，叶薄，果实呈红色	公园、庭院中广泛栽植
千层金	叶披针形，金黄色	非常优良的庭院树种，广泛应用于公园、庭院、路旁绿地
清香木	小叶革质，长圆形，具有芳香	可于公园、室内栽植，能净化空气
洒金珊瑚	叶片椭圆形，具有鲜亮的黄色斑点	在公园中成片种植，或搭配高大的灌木、乔木形成组团
双色茉莉	聚伞花序，双色花朵同时绽放	可盆栽，可作为花篱，同时也是花坛、花境的常用植物
枸骨	叶片厚革质，先端有刺，果实鲜红色	可作为公园、庭院的绿化植物，鲜红的果实也可用于引鸟
绣球	叶椭圆形，花序球状，颜色多样	可种植于道路旁或树荫下，也可种植于建筑或植物组团角落

思考题

1. 灌木的应用场景有哪些？
2. 如何界定小乔木和大灌木？

实践题

借助卷尺、皮尺、量树尺（用于测量植物地径）等工具，调研校园内10个以上灌木品种，将相关信息填入下表。

序号	照片	识别特征	名称	高度（cm）	冠幅（cm）	地径（cm）	用途描述
1							
2							
……							

学习活动 4　识别常用藤本植物

一、藤本植物的特征及作用

　　藤本植物是指那些茎干细长，自身不能直立生长，必须依附他物而向上生长的植物。藤本植物一直是造园中常用的植物材料，如今可用于园林绿化的面积愈来愈小，充分利用藤本植物进行垂直绿化是拓展绿化空间，增加城市绿量，提高整体绿化水平，改善生态环境的重要途径。

二、藤本植物的分类

　　藤本植物按茎的质地可分为草质藤本（如牵牛）和木质藤本（如藤本月季），按照攀附方式可分为缠绕藤本（如紫藤、金银花）和攀缘藤本（如爬山虎）。

三、常用的藤本植物品种（二维码：植物图）

　　园林景观绿化中常用的灌木品种如下表所示。

码1-6

表 1-3　常用藤本植物品种

品种名	识别特征	园林应用
葡萄	木质藤本。小枝呈圆柱形，有纵向棱纹，无毛或带有稀疏柔毛。卷须为两叉分枝，每隔两节间断呈现，与叶对生	多用于农业园区及私家庭院
牵牛	一年生缠绕草本，茎上被倒向的短柔毛及杂有倒向或开展的长硬毛，叶宽卵形或近圆形	常用于堡坎、围墙或栏杆等具有攀缘载体的场所
常春藤	藤长 3~20m。茎灰棕色或黑棕色，光滑，有气生根，幼枝被鳞片状柔毛，鳞片通常有 10~20 条辐射肋	常用作屏障，挡墙、斜坡绿化处常用
三角梅	落叶藤本。茎粗壮，枝下垂，无毛或疏生柔毛；刺腋生，长 5~15m	挡墙、堡坎、围墙、栏杆、露台等均可种植
紫藤	落叶藤本。茎左旋，枝较粗壮，嫩枝被白色柔毛，后秃净；冬芽卵形	常用于花架、围栏等处
铁线莲	草质藤本，藤长 1~2m。茎棕色或紫红色，具 6 条纵纹，节部膨大，被稀疏短柔毛	常用于堡坎、围墙或栏杆等具有攀缘载体的场所
西番莲	草质藤本，茎圆柱形并微有棱角，无毛，略被白粉；叶纸质，长 5~7m，宽 6~8m，基部近心形，掌状 3~7m 深裂	常用于堡坎、围墙或栏杆等具有攀缘载体的场所

续表

品种名	识别特征	园林应用
凌霄	攀缘藤本。茎木质，表皮脱落，枯褐色，以气生根攀附于其他物体之上	常用于花架、围栏等处
扶芳藤	常绿藤状灌木，长约1m。叶薄革质，椭圆形、长方椭圆形或长倒卵形，宽窄变异较大，可窄至近披针形	常用作屏障，挡墙、斜坡绿化处常用
蔓性八仙花	攀缘藤本，高2~4m。小枝粗壮，淡灰褐色，无毛；树皮薄而疏松，老后呈片状剥落	常用于花架、围栏等处
金银花	半常绿藤本。幼枝暗红褐色，密被硬直糙毛、腺毛和柔毛，下部常无毛	常用于花架、围墙、围栏等处
藤本月季	落叶灌木，呈藤状或蔓状，姿态各异，可塑性强，短茎的品种枝长只有1m，长茎的达5m	常用于花架、围栏等处
洛石	常绿木质藤本，长达10m，具乳汁；茎赤褐色，圆柱形，有皮孔；小枝被短黄色柔毛，老时渐无毛	常用于围墙、花架、围栏等处
爬山虎	小枝圆柱形，几无毛或微被疏柔毛；叶为单叶，通常呈倒卵圆形，顶端裂片急尖	常用于墙面

思考题

藤本植物的应用场景有哪些？

实践题

借助卷尺、皮尺、量树尺（用于测量植物杆径）等工具，调研校园5个以上藤本植物品种，将相关信息填入下表。

序号	照片	识别特征	名称	藤长（m）	杆径（cm）	用途描述
1						
2						
……						

学习活动5　识别常用地被植物

广义上，地被植物不单指草坪，还包括天然生长或人工修剪的高度不足1m，是地面上具有良好的覆盖特性的植被。

一、草坪

草坪是由草坪草和其生长基质共同组成的生态体系，是通过修剪、滚压或反复踩踏坪床上的多年生低矮草而形成的平整草地。草坪不仅包括草坪草，还包括草坪草的生存基质，但草坪草是其核心要素。

1.草坪草的分类

暖季型草坪草：一般生长速度从春季开始加快，夏季生长速度达到峰值，秋季生长速度减慢，冬季休眠或生长速度有较明显的下降。最适生长温度为26～32℃，主要分布在我国南方地区。

冷季型草坪草：一般在春、秋两季分别有一个生长高峰期，夏季和冬季处于休眠或半休眠状态，或者生长速度明显降低。最适生长温度为15~24℃，主要分布在我国北方地区。

2.常用的草坪草品种

园林景观绿中常用的草坪草品种如下表所示。

表1-4　常用草坪草品种

品种名	识别特征	优点	缺点	分布区域
细叶结缕草	茎叶呈丛状密集生长，叶片丝状内卷，叶面疏生柔毛，叶片呈线形或针状	耐旱，耐践踏，根须深，生长旺盛	不耐阴，冬季有40~60天的枯黄期	西南
矮生百慕大	低矮，叶线条形，扁平，先端渐尖，边缘有锯齿，浓绿色	耐寒、耐旱、病虫害少，耐践踏	生长快，需要经常修剪	华南
早熟禾	具细长根状茎，多分枝。叶片条形，两侧叶脉平行，顶部为船形，边缘较粗糙，柔软，多光滑	排列紧密，耐修剪，耐寒性好	不耐潮湿，不适合在南方种植	北方
黑麦草	茎直立，叶片窄长，扁平，边缘粗糙，深绿色，有光泽	耐践踏，耐修剪	抗寒性不强，一般不单独播种，常与冷季型草坪草混播	华东、华中

码1-7

续表

品种名	识别特征	优点	缺点	分布区域
矮生百慕大混播黑麦草	具有这两种草坪草的特征	可解决暖季型草坪草冬季休眠、冷季型草坪草夏季休眠的问题	价格高，养护成本高	华东、华中

码1-8

二、其他地被植物

在景观中，地被植物有较长的青绿期和较强的抗性，通常不需要精细的人工养护也能良好生长。以下主要介绍草本类的地被植物。

1.地被植物的特征及作用

地被植物通常覆盖在地表，能防止水土流失、吸附尘土、净化空气、减弱噪声、消除污染，并具有一定观赏价值。

2.常用的地被植物品种

园林景观绿化中常用地被植物品种如下表所示。

码1-9

表 1-5　常用地被品种

品种名	识别特征	园林应用
翠芦莉	茎近似方形，具沟槽，红褐色	多用作地被植物
翠云草	茎细软，伏地蔓生	可用于水边湿地
萼距花	花瓣6枚，其中上方2枚特大	管理粗放，少有的长花期地被花卉
芙蓉菊	分枝多，有柔毛，叶聚生于顶端	可作为色块填充植物
鹤望兰	无茎，叶片顶端急尖；萼片披针形，橙黄色	可用插花、盆栽，也可大面积栽植用于覆盖地面
胡椒木	常绿小灌木，叶片浓绿而具有光泽	可用作盆栽，可用作地被植物，同时也是林下植物
假蒿	草本植物，叶片细小	可用作地被植物
金边也门铁	叶宽条形，叶片边缘有黄绿色区域	良好的室内观赏植物，也可成片种植于室外，作为地被植物
短莛山麦冬	根分枝多，肉质；叶密集成丛，革质	药用植物，也是林下观赏植物
迷迭香	常绿亚灌木，花冠钟形，蓝紫色	可用作地被植物
肾蕨	多年生草本，叶片披针形，孢子囊聚集于叶片背面	怕暑热，适合种植于林下空间
雪茄花	亚灌木，分枝极多，花红色，口部白色	可作为盆栽、绿篱，也可片植作为地被植物
百子莲	具有鳞茎，叶革质，花序伞形，花漏斗状，结实众多	可作为地被植物，也可用于花境中
矾根（肾形草）	叶基生，心形，深紫色或各异颜色	可用于花坛、花带、花境
佛甲草	多年生草本，叶片细长、肉质	耐旱，可作为常规地被植物，还可作为生态隔热层使用

1. 根据不同季节的表现特征，草坪草可分为哪些类型？
2. 其他地被植物的应用场景有哪些？

借助卷尺、皮尺等工具，调研校园内 15 个以上地被植物品种（其中包括 2 种草坪），将相关信息填入下表。

序号	照片	识别特征	名称	高度（m）	冠幅(cm)	密度（株数/平方米）	用途描述
1							
2							
……							

学习活动 6　识别常用草本花卉

一、草本花卉的分类

1.一年生草本花卉

一年生花卉指从种子发芽、生长、开花、结实至枯萎死亡，在一个生长周期内就可完成生活史的花卉，即当年开花、结实，然后枯死的花卉。常见的品种有百日草、鸡冠花、凤仙花、矮牵牛等。

2.二年生草本花卉

二年生草本花卉需要两个生长周期才能完成其生活史，通常第一年生长季（秋）仅生长，第二年生长季（春）开花、结实，然后死亡。常见的品种有三色堇、月见草、羽衣甘蓝等。

3.多年生草本花卉

多年生花卉的地下茎和根生长多年，其寿命超过两年。多年生花卉按照根部形状的不同可分为宿根花卉和球根花卉。

宿根花卉：地下部分的形态正常，看起来与一、二年生草本花卉类似，但却可以生活多年。常见的宿根花卉有芍药、菊花、香石竹、非洲菊等。这些花卉由于不需要每年重新种植，因此其养护成本要显著低于一、二年生草本花卉，更适用于需要长期造景的地方。

球根花卉：地下茎（或根变态而膨大），能在炎热的夏季或寒冷的冬季球根花卉休眠时为其提供营养。球根花卉可以利用地下根部直接进行繁殖，并且可以按照地下部分的形态分为5种类型：鳞茎类，如郁金香、风信子；球茎类，如小苍兰、唐菖蒲；块茎类，如马蹄莲、仙客来；根茎类，如荷花、鸢尾；块根类，如大丽花、花毛茛等。球根花卉不仅在园林植物配置中被广泛应用，它们中还有很大一部分适合用作鲜切花，具有较高的经济价值。

4.水生花卉

水生花卉是一类适应水生环境并在水中生长的花卉。它们通常根植于水底或浅水中，具有适应水中生活的特殊结构和生理特点。水生花卉可以在池塘、湖泊、溪流、水生花园等水域中生长，并且能够为水域增添生态美和观赏价值。常见的水生花卉有荷花、睡莲、菖蒲等。

二、常用的草本花卉品种

园林景观绿化中常用的草本花卉品种如下表所示。

码1-10

表 1-6　常用时令草花品种

品种名	识别特征	园林应用
旱金莲	叶盾形，具有波浪状缺口，花色多样	盆栽、露地栽培均适宜
凤仙花	茎肉质，花簇生于叶腋处，粉紫色或白色	常见的庭院花卉，可作为盆栽，也可作为花境植物
鸡冠花	花序穗状，多分枝，花色丰富多样	抗污染，是花坛或花境中的常见材料
大丽花	头状花序大，有白色、粉色、紫色等多种颜色	适用于花坛、花境，矮化品种也可用于盆栽
金鱼草	花色丰富，花冠筒状唇形，形似金鱼	污染监测植物，也大量用于花坛、花境和道路两侧
雏菊	叶片上半部有波齿，花形小于一般的菊花	花坛中的常见植物，也可作为盆栽
羽衣甘蓝	叶片光滑无毛，叶缘有细波纹，色彩丰富	冬季的重要观叶植物，常见于花坛、花境
千日红	花色艳丽，特点是花干燥后却不凋谢，因此得名	优良的花坛植物和地被植物
紫茉莉	钟形花冠，裂片三角状，颜色多样	常见的园林花卉，适应各种气温
虞美人	全株具刚毛，叶片羽状分裂，颜色多样	常见的观赏植物，适合大面积栽植或与其他植物搭配使用

续表

品种名	识别特征	园林应用
葱兰	叶片细长、肥厚	耐阴，适合于树池或林下空间种植

思考题

1. 一年生花卉和二年生花卉的区别是什么？

2. 考虑到四季的变化，如何选择花卉以确保全年都有吸引人的景观？

实践题

借助卷尺、皮尺等工具，调研校园内 10 个以上的草本花卉品种，将相关信息填入下表。

序号	照片	识别特征	名称	高度（m）	冠幅（cm）	密度（株数/平方米）	用途描述
1							
2							
……							

任务一作业

完成特定场地的植物调研，并完成调研表格。

活动名称：实施常见园林植物品种调研。

调研时间：根据安排选择合适的时间。

调研场地：选择附近的一个公园、植物园或景观设计示范区作为调研场地。

调研内容：调研场地内的园林植物品种。

调研流程：具体如下。

一、调研前的准备

1. 确定调研时间和场地。

2. 分组，每个小组包括 3~4 名学生。

3. 制作观察表格和调研表格，包括植物的名称、规格、观赏特征、养护要求等内容，以便学生记录植物的特征和信息。

4.提前通知学生携带必要的工具，如相机、笔记本、手机、测量工具等。

5.向学生介绍活动目标和任务学习目标，使学生明确他们需要观察和学习的内容。

二、调研实施

1.在调研现场，每个小组负责调研自己选择的区域内的所有植物，这些植物要包含本章提到的全部类型，以便学生能够获得多样性的经验。

2.学生使用观察表格记录所选区域内植物的各种特征。

3.学生可以拍摄照片以备后用。

三、数据整理和分析

1.学生在回到学校后，应该整理观察数据，并填写调研表格。

2.学生可以通过网上资源、专业书籍获取更多关于所调研植物品种的信息，并将其填入调研表格。

四、报告和展示

1.每个小组应准备一份调研报告，介绍自己的调研结果。教师需安排一次小组展示活动，以便学生向其他小组和教师展示他们的调研报告。

2.鼓励学生提出问题和互相交流，以促进学习和讨论。

码1-11

五、总结和反思

通过这次调研活动，学生将有机会提高观察、研究和沟通能力，同时也能更深入地了解常见园林植物品种及其在景观设计中的应用。

备注：调研表格参考格式请扫码获取

任务二　设计前期调研及分析

任务学习目标

通过对本任务的学习，学生应该达到以下目标。

1.知道植物设计前期分析的方法。

2. 知道植物设计前期分析的内容。

3. 知道《设计任务书》的内容组成，并解读《设计任务书》。

学生职业素养能力表现为

1. 针对植物设计项目，收集相关资料，为前期分析做准备。

2. 使用各种资源（网络、书籍等）开展设计前期分析并完成实地调研。

3. 读懂《设计任务书》，记录其中对于植物设计的要求，并能在项目中满足这些要求。

学习活动 1　解读植物设计任务

一、解读《设计任务书》

　　《设计任务书》是景观设计项目的一个基础文件，植物设计作为景观设计项目的一个重要部分，委托方通常会在《设计任务书》中罗列出植物设计任务的范围、目标以及具体要求。设计师在开展植物设计前，需要精读《设计任务书》以明确植物设计的要求。《设计任务书》一般包含以下内容。

码1-12

　　（1）基本信息：需要进行植物设计的绿地属性（城市公园、城市广场、市政道路、居住区、厂房等），所属项目的名称、地点以及建设背景。

　　（2）设计范围：植物设计任务的具体范围，包括涉及的绿地区域、空间关系、场地大小以及景观元素等。

　　（3）设计内容及目标：委托方对植物设计任务的说明及期望。

　　（4）设计要求和预算：项目的设计时间期限、交付成果要求以及项目中植物部分的预算，确保植物设计的内容符合委托方的预算要求。

　　（5）设计关键参数和指标：项目绿地率、绿化覆盖率以及植物品种和数量等的相关要求。

图1-17　《设计任务书》封面（《设计任务书》通常为 20 ~ 50 页的文档）

二、解读设计图纸

设计师在开展植物设计前，要对委托方提供的项目基地图纸资料、已通过审批的整体景观方案进行解读，这些基础资料将对植物的空间设计、品种选择以及栽植方式产生直接影响。

1.项目基地测绘图

（1）设计范围

明确设计范围是一个设计项目开展的首要任务，一般以基地的用地红线为准。

（2）设计场地地形

在植物设计环节（整体景观空间布局完成后），设计师需要通过基地图纸资料掌握场地的原始地形以及景观设计完成后的整体空间关系，通过对比了解项目的土方平衡以及场地未来施工完成后的整体地形地貌特征。

（3）设计场地内现有建筑、构筑物、道路等的位置

设计师需结合设计图纸资料，标注出场地内现有建筑、构筑物、道路等的位置，并结合整体景观方案明确是否对其进行拆除、改造、重建、保留等，为后续现场调研做准备。

（4）设计场地周边情况

在解读基地图纸资料及整体景观方案时，设计师需了解场地的周边环境情况。在植物设计阶段，凡与项目种植空间相邻的元素均是关注对象，且应重点关注对植物设计产生影响的因素，如建筑、构筑物、交通情况、水利设施、潜在的破坏性因素以及对种植空间光照产生影响的植物等。

2.现状植物分布图

在植物设计阶段，植物是最重要的素材，场地内的现状植物往往形态优美、长势良好，是十分重要的资源，因此在植物设计前我们需要了解场地的现状植物分布情况。

在委托方提供的基地图纸资料中，有些已有现状植物分布图，但由于植物是具有生命力的造景元素，大多数基地图纸资料中没有现状植物分布图，这就需要设计师在调研阶段准确记录现场植物的点位、胸径、高度、冠幅等，以便在进行植物设计时做出相关判断（对其进行移除、移栽或修剪整形操作）。

3.地下管网图

地下管网图包括两个阶段的图纸。其一为项目总体规划阶段的综合管网图，内容主要针对地块内建筑的雨污水、电力、通信等方面的管网预埋；其二为景观设计阶段的水电管网图，内容主要为景观场地中的雨污水排放和室外用电（通信）管网的预埋。以上两个阶段的图纸叠加，可清晰呈现地块内的地下管网图。

4.整体景观方案

  植物设计是基于整体景观布局及概念方案进行的补充、深化设计，所以设计师在进行植物设计前有必要深入研读整体景观方案，充分理解方案的总体思想、概念定位以及希望营造的空间氛围，借助植物来呼应主题、强化其空间氛围。

图 1-18　重庆某城市广场现状地形图

图 1-19　重庆某城市广场布局图

在此基础上，设计师还需要理清整体景观方案的逻辑，按照整体景观方案的设计思路，在后期创造植物景观空间、确定植物种植形式并合理选择植物品种。

思考题

1. 设计师如何从《设计任务书》中高效获取植物设计的相关要求？

2. 绿地率、绿化覆盖率是什么？

实践题

《设计任务书》中的要求一般会通过项目的景观设计概念文本体现出来，精读一个项目的景观设计概念文本，尝试理解其植物设计要求。

码1-13

学习活动 2　开展设计前期调研

在解读《设计任务书》之后，设计师需要充分理解项目的总体思想、设计要求，以及项目的设计定位和功能诉求，在解读的过程中罗列出与植物设计相关的疑问，然后深入场地进行现状调研，主要关注以下方面。

码1-14

一、生态因子

植物栽植场所的生态因子对植物的生长有重要的影响，也是影响植物品种选择、植物种植设计的重要因素之一。设计前，设计师需要充分了解设计场地的光照、温度、水分、土壤等生态因子特点。

1.光照

光照是影响植物生长的重要因素。按照对光照强度的需求的不同，可以将植物分为阳性、耐阴、阴性3类，通常阳性植物种植在上层，中层为耐阴植物，下层则种植阴性植物。

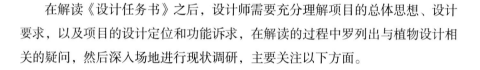

表 1-7　基于光照需求的植物分类

类别	光照强度	代表植物	设计要点
阳性植物	全日照的70%以上	银杏、广玉兰、鹅掌楸、白玉兰、紫玉兰、朴树以及大多数松柏类植物等	适合种植在建筑物的当阳面，露地栽植

类别	光照强度	代表植物	设计要点
耐阴植物	对光照有较强的适应力	枇杷、罗汉松、珍珠梅、绣线菊、圆柏、云杉、栀子花、山茶、南天竹、海桐、大叶黄杨、蚊母、迎春花、十大功劳等	适合种植在植物组团的中、下层
阴性植物	全日照的5%～20%	红豆杉、八角金盘、宽叶麦冬、六月雪以及蕨类、兰科、天南星科杜鹃花属大部分植物等	适合种植在建筑物的阴面或林下

设计师在进行植物设计前，需要分析场地内各区域的光照情况，尤其是建筑物或者大型构筑物（大型乔木）周围的日照时间和强度，根据植物的需光性进行植物设计，如下图所示。

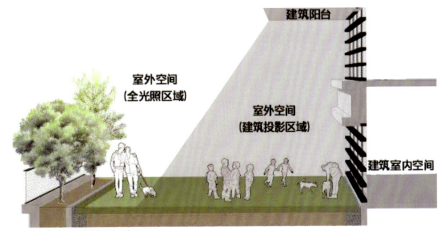

图1-20 场地光照情况示意图

2.温度

温度是影响植物分布的重要因素，每种植物都有适合生长的温度。种植场地所属气候带不同，植物品种选择也有差异。根据植物对温度的不同需求，可以将植物分为耐寒、不耐寒和中性3类。

表1-8 基于温度需求的植物分类

类别	代表植物	适合栽植地域
耐寒植物	龙柏、落叶松、紫藤等	北方地区
不耐寒植物	棕榈、栀子花、鸡蛋花、海枣类植物等	热带及亚热带地区
中性植物	香樟、广玉兰、桂花、南天竹等	南方地区

3.水分

根据植物对水分的需求，可以把植物分为水生、湿生、旱生等类型。设计师应该根据场地的水分情况进行植物设计。

表 1-9　基于水分需求的植物分类

类别	特点	代表植物
水生植物	需要在水体中生长（分为浮水植物、沉水植物、挺水植物）	睡莲、荷花、菖蒲、水葱、千屈菜等
湿生植物	需要充足的水分，不能忍受干旱	水杉、池杉、垂柳、迎春花、竹类、小叶榕、三角枫等
旱生植物	可忍受长期炎热天气和干旱	雪松、柏木、侧柏、合欢、旱柳、麻叶绣线菊等

4.土壤

土壤是植物生长所需的水分和养分的主要来源。调研现场时，确定土壤的类型、pH 值、养分含量、水分状况（水位深度、排水情况）、污染情况等，有助于设计师选择适合的植物、确定植物的布局、确定灌溉和养护策略，以及最大限度地提高植物的成活率。

码1-15

二、场地环境条件

1.场地区位关系

项目具体的区位关系、经纬坐标决定了场地的大气候环境，设计师需要从"国家—省—市—街道等"不同层面来了解项目所在位置的大环境及其与周边的关系。在实践过程中，设计师通常借助全景地图，一是可以了解基地的具体位置，二是能清楚了解场地的方位关系，三是可以更好地掌握基地与周边环境的关系。

2.场地周边环境

场地周边环境包括项目周围的城市景观、建筑形式、建筑色彩、交通、人流集散方向、居民类型与社会结构等。设计师需要将打印好的图纸带至项目现场，逐一核对项目周边环境情况，并拍照、详细记录可能对后期植物产生影响的各种因素。

3.场地地形条件

场地地形条件包括项目场地的坡度和主要地形地貌。调研场地的地形，一是为了了解其坡度情况，以便在进行植物设计时选择合适的植物品种和种植方式；二是有助于分析其空间关系，为后期植物空间呈现做准备。在园林植物种植从业者中有这样的说法："地形合适，植物配置就已成功一半。"可见地形对于植物设计的重要性，在调研时设计师需要掌握现状地形，并梳理地形调整、优化的策略。"植物造景先造地形"这一理念在大型公园的营造中体现得尤其明显，如重庆中央公园大草坪。

图1-21　重庆中央公园大草坪

4.场地人文因素

场地内部的人文环境，场地所在城市、所在地域的历史沿革、人文资源、文化背景以及文化特色等，都会对项目景观的总体设计和植物设计产生重要的影响。深入挖掘场地的人文因素，在设计前期调研阶段具有十分重要的意义。项目整体景观方案中通常包含当地人文环境的分析，设计师需要将其延续到植物设计环节、使之契合项目整体的文化主题。

图1-22　老黄葛树唤起院坝记忆

1.除了书中讲到的这些生态因子，你认为还有哪些生态因子会影响植物设计？

2.作为设计师，你认为前期调研的目的是什么？

结合本次学习活动的内容，在校园内收集素材、查阅资料，形成适合本地设计前期调研报告。

学习活动 3　基地现状条件分析

设计师完成基地现状调研后，需对收集到的项目相关信息进行全面分析，将分析结果作为植物设计的依据。

一、生态因子叠加分析

在植物设计阶段，对植物设计产生影响的生态因子通常包括光照、温度、水分、土壤等。在景观总体设计阶段，方案设计师梳理出有序的绿化空间，在这些被限定的绿化空间内，植物设计师需要充分了解现场的光照、温度、水分及土壤条件，确保植物方案的合理性和可行性。生态因子叠加分析如下图所示。

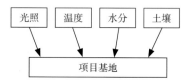

图 1-23　生态因子叠加分析

对于项目绿化空间，植物设计师首先需要了解其土壤特性（项目要求严格时需对土壤进行采样后交由专业机构精确分析），掌握土壤缓冲性、保水性、保肥性、保温性，土壤生物群的稳定性，以及土壤生态系统的综合功能——土壤肥力和自净能力。水分条件方面，植物设计师需要掌握项目基地内及周边地表水和地下水的情况，也需要关注未来绿化植物灌溉的条件，如今大多数项目均采用自来水灌溉。温度条件方面，除了掌握日常温度变化规律，在当今全球变暖、极端天气频发的大背景下，植物设计师尤其需要关注当地的极端天气情况。光照条件方面，项目所在地大气候的影响，周边建筑物、构筑物以及其他遮挡光线的物体带来的影响，都是植物设计师需要加以分析的对象。

二、基地环境条件分析

基于学习活动2中对基地环境条件现状的调研，接下来植物设计师需要针对项目基地做综合分析，绘制现状分析图，将调研阶段收集的区位关系、周边环境、地形条件及人文因素等信息在图面中表达出来，通常采用的方式为文字描述结合现状照片或视频文件。

1.区位关系

植物设计师需对项目"四至"情况进行文字描述，绘制四至图。四至图指的是场地定位图，内容包括东至××，南至××，西至××，北至××。其目的是交代项目的准确位置，以便进行项目整体定位及规划。

2.周边环境

植物设计师需对项目周边情况进行文字描述，并结合相应的现状照片加以呈现（有时会用视频文件呈现），然后分析这些因素对场地内植物设计的影响。

3.地形条件

通常来讲，方案设计师会在整体景观方案中对地形进行整体考虑，但深度往往不够，这就需要植物设计师对地形进行深入分析。对基地地形进行分析，一是需要结合其现状，二是需要结合整体景观方案确定的空间关系。

4.人文因素

基于整体景观方案中的人文因素，植物设计师本阶段的主要任务是理解、延续其设计思想，或补充更准确的人文设计思想，以使植物设计呼应其主题。

图1-24　某城市居住区周边环境分析图1

另外，基地环境条件分析还需要结合项目的实际情况，因此本书只介绍基地环境条件分析的基本内容。

下图为某城市居住区周边环境分析图，仅供参考。由图可知，基地大致呈矩形，东西向为长边，位于市政道路旁，且在道路旁设置主出入口；基地东侧为居住用地，现为老旧居住区，整体风貌较凌乱；南侧为建于堡坎之上的酒店，整体高于基地；西侧为新建居住区，整体风貌相对整洁；北侧为市政道路。

图1-25　某城市居住区周边环境分析图2

另外，由项目地块内规划的消防车道及场地标高、坡度得知，基地内部场地平整，整体景观呈带状分布。

思考题

1. 假定你为某项目的植物设计师，你认为需要与项目的方案设计师沟通哪些方面的问题？

2. 场地的人文因素包含哪些方面？

实践题

尝试借助 Photoshop 制作一张你所在学校的四至图，要求图文结合、画面美观。

学习活动 4　案例解析

以下为某城市的游园景观项目，植物设计师通过解读《设计任务书》和设计图纸，明确了植物设计任务。

码1-16

一、植物设计任务解读

植物设计师从《设计任务书》中获取到植物设计工作相关的如下信息。

1.基本信息

该项目性质为城市游园景观项目，总占地面积约为17000m²（以实际测量为准），景观设计面积为10600m²。项目位于重庆某长江大桥南桥头，从项目地块划分情况来看，整体区位优势明显。

2.设计范围

景观设计范围包括停车楼及商业建筑的屋顶花园、负一楼商场外景观广场，两个区域均包含植物设计任务。

项目地块

图1-26　《设计任务书》中的区位图

3.设计内容及目标

项目整体定位为具有设计感的城市游园，整体风格为现代、自然，目标客户为文艺青年及带小孩的家庭。

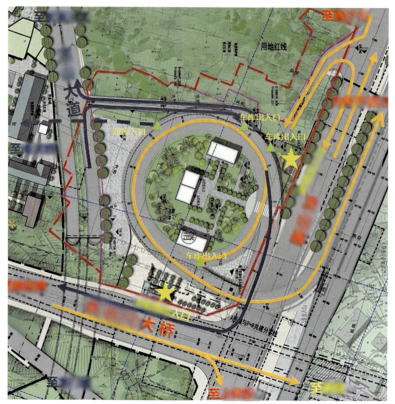

图 1-27 《设计任务书》中的设计范围图

屋顶花园以绿化植物为主，结合景观步道、构筑物、小品呈现出精致的景观空间，重点强调植物组合形成的空间关系；负一层商场外景观广场以铺装为主，仅需点缀少量绿化植物，营造出舒适的外摆空间。

另外，基于方案设计师收集的人文因果，植物设计需达到两个要求：负一楼商场外景观广场作为老街保护片区的延续，需呼应老街保护片区的整体风貌；屋顶花园是独立存在的整体性空间，且展示面较广，需展示项目本身的形象并融入城市环境。

4.设计要求和预算

本项目设计阶段历时约 75 天，项目整体成本 1000 元／㎡，绿化部分分摊成本按 350 元／㎡ 计算（上下浮动 50 元／㎡）。

《设计任务书》中的专项植物设计要求如下。

（1）依据游人活动的主要路线设计植物空间，体现疏密有致、变化丰富的特点，同时结合游人动线对周边不利因素进行适当遮挡。

（2）花灌木、藤本植物、绿篱密植结合草皮用于分隔空间、点缀空间，以适应不同的环境和绿地要求，使配置的植物群落自然、和谐，构图、色彩及季相变化丰富，具有地域特点。

（3）绿化面积占总用地的 70% 以上。

各阶段景观设计任务中对植物设计成果的要求如下。

（1）植物设计方案图须置于整体景观方案文本中。

（2）植物设计施工全套图纸需单独编排。

5.设计关键参数和指标

项目指标表规定，本项目绿地率为 29.12%（须严格执行，以确保绿化验收顺利通过），其对绿化覆盖率、植物数量和规格未做规定。

二、生态因子分析

在本项目中，植物设计师基于生态因子叠加分析图，描述生态因子特征。

1.光照

由于现场空间在纵向上呈现多层级交错的状态，多个区域光照受到影响，因此，植物设计师统计了现场各区域的光照时长，如下图所示。

有了该光照时长分区图，后期即可有针对性地选择植物品种。

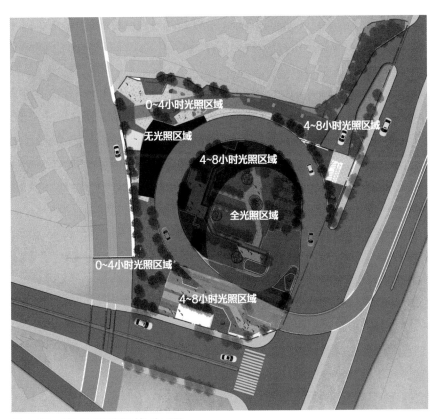

图 1-28 项目基地光照时长分区图

2.土壤

　　基地内负一楼商业外景观广场现有土壤中残留的砾石较多，因而其不能用于植物种植，需更换。屋顶花园暂无土，需回填种植土。

图1-29　项目场地内土壤实拍图

　　除了光照和土壤外，温度和水分也是生态因子的重要组成。基地生态因子分析汇总如下。

表1-10　项目基地生态因子分析表

类别	特征描述	备注
光照	植物设计师划分出无光照区域、0~4小时光照区域、4~8小时光照区域、全光照区域	用于确定各区域植物品种
温度	年平均气温16~18℃，最热月份平均气温26~29℃，最冷月份平均气温4~8℃	北方树种慎用
水分	现场无地表水，也无可利用的地下水，场地内均为旱生植物，灌溉方面可通过物联网系统实现智慧灌溉	—
土壤	屋顶花园的土壤为新回填，植物设计师需对土壤品质提出要求。负一楼商场外景观广场区域原为杂木林，清理后残留较多根系及石块，土质营养成分不足，保水性差，需换填土壤	—
绿化空间	整体风格为现代、时尚、自然。屋顶花园绿化空间被道路切割，较为零散，但整体构成关系富于设计感，绿化部分需呼应整体空间关系；负一楼商场外景观广场整体构成偏自然风格，需注重与周边绿化环境的融合	注重树型，均要求全冠种植
项目基地	项目位于重庆某长江大桥南桥头，包括屋顶花园、负一楼商场外景观广场两个相对独立的功能空间	—

　　如今，园林项目中的智慧管理模式日趋成熟，结合本项目基地生态因子实际情况，拟采用物联网系统进行智慧管理。

图 1-30 基于生态因子分析的智慧控制系统图

三、项目基地图纸及基地环境条件

1.场地地形

项目场地内屋顶及负一楼室外两个区域现状均为平地，负一楼商场外景观广场植物种植区土壤需换填，屋顶花园位于楼板之上，需进行种植土回填。总体来讲，场地地形对植物设计的限制较小。

2.场地内现有建筑、构筑物、道路等的位置

在屋顶花园区域，场地上空有螺旋状下降的车行道，场地内有多个人行出入口构筑物，该构筑物除了对场地内的光照有一定影响外，也会对植物的生长产生影响，因此植物种植点位不能太靠近该构筑物。此外，场地内还有一个轨道交通站出入口，人流量较大，该区域植物不宜过于繁茂。人行步道是由富于设计感的几何形体组合成景，布置于绿地之间，绿地需呼应其构成，因而呈几何式布局。

在负一楼商场外景观广场区域，由于紧邻主体建筑（商场及停车楼），绿化空间十分有限，需要特别控制整体的比例关系。在满足室内视点的景观效果要求的基础上需要尽量控制植物的数量和单株的体量，以免影响室内采光。

图1-31　基地内影响植物设计的元素

3.场地周边情况

在屋顶花园区域，其东侧和南侧为城市街道，环境嘈杂且街面杂乱无章。该场地作为一处公共休闲空间，需要利用植物对周边环境进行适当遮挡、隔尘、降噪，同时屏蔽游人视线范围内的无序环境元素。

在负一楼商场外景观广场区域，其西侧的老街保护片区的整体风貌、东侧的主体建筑、一楼架空的车行道等均影响植物品种和种植形式的选择。植物不宜离架空车行道、主体建筑太近，以免影响车辆通行及室内采光。

周边环境分析

图1-32　基地周边环境分析图1

周边环境分析

图1-33 基地周边环境分析图2

4.现状植物分布图

本项目地块内无现状植物。

5.地下管网图

本项目地块内无市政综合管网，未来建设过程中将按照综合管网图及园林景观水电施工图进行布设，现已获取该设计成果，植物设计师在设计时避开相应管网即可。

至此，植物设计师完成了项目基地图纸绘制及基地环境条件分析，为下一步植物景观方案设计做好了准备。

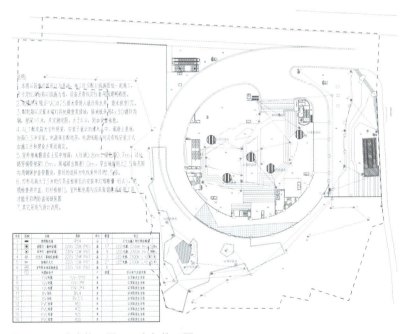

图1-34 水电施工图——电气施工图

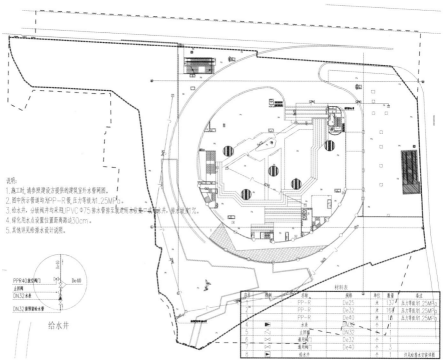

说明:
1.施工时,请参照建设方提供的建筑室外水管网图。
2.图中所示管道均采用PP-R管,压力等级均为1.25MPa。
3.给水井,分镇阀井均采用UPVC Φ75排水管排至最近雨水收集口或雨水井,排水坡度7‰。
4.绿化用水点设置位置距离道路边30cm。
5.其他详见给排水设计说明。

图 1-35 水电施工图——给水图

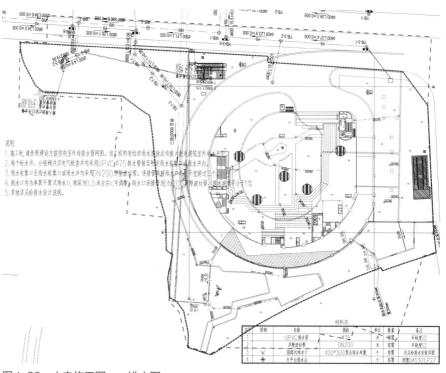

说明:
1.施工时,请参照建设方提供的室外雨排水管网图。该工程的有组织雨水放点处均排入建筑室外雨水内。
2.每个给水井,分镇阀井及电气检查井均采用UPVC Φ75排水管排至最近雨水收集口或雨水井内。
3.雨水收集口至雨水收集口或雨水井均采用DN200型塑波纹管。连接管距雨水收集口雨水井不宜超过1米。
4.雨水均为单算平算式雨水口,增深为0.5米左右(可调整),雨水口连接管DN200型塑波纹管,管内坡度不小于1%。
5.其他详见给排水设计说明。

图 1-36 水电施工图——排水图

任务二作业

解读《设计任务书》，并进行前期分析。

活动名称：解读项目《设计任务书》，并进行前期分析。

活动内容：

第一，从植物设计师的角度出发，解读项目《设计任务书》。基于给定的《设计任务书》，结合课堂所讲的解读植物设计任务的相关内容，完成对上述项目的植物设计任务的解读，要求信息全面、准确，并生成相关的 Word 文档。（注：不同的建设方（或管理方）以及不同的项目发布的《设计任务书》大纲及内容出入较大，因此不能套用课堂所讲框架，务必对上述项目的《设计任务书》逐字逐句精读）。

第二，根据项目现有资料，制作项目前期调研和现状条件分析 PPT 文件并做汇报。

码1-17

成果要求：

第一，用 Word 文档记录植物设计任务（从《设计任务书》中摘录植物设计相关信息）。

第二，用 PPT 文件阐述项目前期调研和现状条件分析过程，要求信息全面、版面美观。

项目二 ｜ 植物景观方案设计

项目学习目标

通过学习本项目，学生应该具有开展植物造景设计的能力，具体表现如下。

1.知道植物景观空间构成要素。

2.知道植物景观空间类型并能对其加以应用。

3.能根据基地条件分析植物空间并进行植物景观空间组合设计。

4.知道植物配置方式并能对其加以应用。

5.选用合适的植物品种，结合空间分析完成乔木、灌木、藤本植物、地被植物及草本花卉的配置。

6.能够基于国家规范和行业标准要求，绘制植物设计平面图、立面图（剖面图/断面图）及效果图并能准确传递设计意图。

7.能编制植物设计方案文本。

任务一　确定植物景观空间结构

任务学习目标

通过对本任务的学习，学生应该掌握植物景观空间的有关知识，培养植物景观空间设计能力，具体表现如下。

1.知道植物景观空间的构成要素及其特征；

2.知道植物景观空间类型；

3.掌握6种植物景观空间类型的特点及其应用场景；

4.知道植物景观空间组合设计的方法；

5.能够应用空间组合设计方法完成空间的植物设计。

职业素养

1.自主学习能力：在课堂学习的基础上，能自主通过网络资源、书籍资料及案例解析，检验并巩固课堂所学知识；

2.团队协作能力：在执行分组任务时，能高效完成自己的任务，也能配合团队成员顺利完成小组任务；

3.逻辑思维能力：具有较强的逻辑思维能力，能基于充分的分析执行每个任务；

4.语言表达能力：能基于设计图纸，利用语言及肢体动作将设计意图清晰地传递给听众并让其信服。

学习活动 1　认识植物景观空间构成要素

码2-1

一、植物景观空间

植物景观空间以植物为主体，根据地形、地貌条件，利用植物进行空间划分，经过艺术布局，组成适应园林功能要求和优美植物景观的空间环境。

二、植物景观空间构成要素

植物景观空间可以用建筑语言来描述：户外的"房间"可以用种植的"墙体"围合，"地面"上铺着地被植物（以草坪为主），"天花板"由延展的树冠形成。因此，植物景观空间可被视为由 3 个构成面组成：基面、垂直面、覆盖面，这也是植物景观空间的 3 个构成要素。

（1）基面。低平面的一部分，利用地被植物（通常以草坪为主）的质地、高度等的变化来暗示地平面的空间范围。

（2）垂直面。乔木、灌木的树干或树冠可形成垂直面的围合。垂直面的封闭程度与植物种类、栽植密度等有密切关系。

图 2-1　植物空间的构成面

（3）覆盖面。高大乔木的树冠可形成覆盖面。树冠越密，覆盖面的封闭感就越强，反之则越弱。

三、植物景观空间构成要素的主要特征

1.植物的形态特征

植物的高度、冠幅、分枝点、枝叶疏密度等都会对植物空间造成影响。

（1）植物高度及冠幅

植物的高度及冠幅对于植物空间的结构有直接影响。在造景时，通常以原生植物（未截枝干的植物）的高度和冠幅作为设计参考，这也是设计师制图的标准。

表2-1 不同植物高度、冠幅构筑的空间类型

植物类型	植物高度（cm）	植物冠幅（cm）	空间类型	举例
中大型乔木	400以上	350以上	通过树干及与下层植物可实现垂直面的围合，形成密闭或半通透的空间。树木栽植越密，围合感越强。同时树冠也可形成相应的覆盖面	天竺桂、桂花、香樟
小乔木	200~400	200~350	通过树冠实现垂直面的围合，空间的封闭程度与栽植密度有关。此类乔木具有较强的视线引导作用，可形成连续完整的围合空间，无法形成覆盖面	红叶李、碧桃、黑松
大灌木	90~200	90~200	利用大灌木形成垂直面上的封闭空间，从而形成视觉屏障以限定空间	木槿、毛叶丁香、南天竹
小灌木	30~90	30~90	利用低矮灌木实现空间围合，可以阻挡行人通过，但由于视线通透，无法形成封闭的效果以界定空间范围	十大功劳、海桐、海栀子
草坪、地被植物	15~30	15~30	无法实现垂直面上的围合，但可以限制地面的空间范围	麦冬、马蹄金、细叶结缕草

（2）植物分枝点

植物分枝点的高低影响游览者通行，同时影响树冠覆盖面以下的空间感受。当乔木的分枝点高度低于1.8 m时，影响游览者通行，树冠形成的覆盖面空间无法满足游览者的使用需求。当乔木的分枝点高度高于1.8 m时，形成的覆盖面空间可以确保游览者顺利通行，且随着分枝点高度增加，树冠下的空间也会逐渐变得开阔。设计师常常利用这一特性，结合垂直面植物营造出舒适、有趣、

多样的植物空间。

（3）植物枝叶疏密度

在描述植物枝叶疏密度时，通常用到郁闭度的概念，郁闭度指森林中乔木树冠在阳光直射下在地面的总投影面积（冠幅）与此林地（林分）总面积的比，它反映枝叶的密度。

中大型乔木的树冠会在覆盖面以下限定空间，树冠的郁闭度越大，其对覆盖面的限定效果也会越强。当郁闭度为40%~60%时，形成疏林空间，让人感到清新宜人、舒适自然。当构成树冠的枝叶相互重叠，形成浓密的树荫，郁闭度超过70%时，覆盖面的限定感达到最强，让人感受到一种庇护、隐蔽的氛围。而当郁闭度达到90%以上时，光线几乎无法射入林下空间，这使得整个空间给人一种封闭、幽暗、压抑的感觉。

小乔木或灌木的枝叶可以在垂直面实现空间围合，枝叶的疏密度也会影响空间的围合感。枝叶越密集，空间的围合感越强，给人安全、私密的体验感。与之相反，枝叶越稀疏，空间的围合感相对较弱，让人感受到更开放和轻松的氛围。

图2-2　植物分枝点与植物空间的关系

图2-3　垂直面的小乔木或灌木与植物空间的关系

2.植物的季相变化

季相变化是植物在一年四季的生长过程中，叶、花、果的形状和色彩随季节变化所表现出来的变化过程。常绿植物季相变化小，能够创造出不受季节影响的空间围合效果，如圆柏绿墙。而落叶植物的枝叶疏密度会随季节变化，叶落后，落叶植物营造的空间通透性增强，围合感和郁闭度下降，显得比生长季更开阔，如紫薇绿篱。

3.植物的种植密度

植物的种植密度直接影响垂直面和覆盖面的封闭性，种植密度越大，封闭性越强，反之则越弱。

图2-4 不受季节影响的圆柏绿墙

图2-5 季相变化明显的紫薇绿篱

图 2-6　侧柏的种植密度影响垂直面的封闭性

图 2-7　香樟的种植密度影响覆盖面的封闭性

思考题

　　1.简述植物景观空间的构成要素及其特征。

　　2.试列举 5 种种植后覆盖面郁闭度可达到 90% 的乔木。

实践题

　　调研校园中的绿地空间，并结合植物景观空间的 3 个构成要素拍照记录，分析照片中构成要素的植物品种及相应特征，要求每个构成要素对应的场景不少于 4 处。

码2-2

学习活动 2　认识植物空间类型

　　根据植物构成空间的方式不同，可以将植物空间分为 6 类：开敞空间、半开敞空间、覆盖空间、纵深空间、竖向空间和完全封闭空间。

一、开敞空间

开敞空间由基面和一定高度的垂直面构成，没有覆盖面的限制。

空间特点：开敞空间外向、无私密性，对人的视线没有任何遮挡。

空间感受：视线通畅、视野辽阔，心情舒畅、豁然开朗、轻松。

选用植物：低矮灌木、地被植物、草坪、草本花卉等。

景观应用：疏林大草地、开阔水域或场地等。

二、半开敞空间

半敞开是开敞空间与完全封闭空间的过渡状态，其与开敞空间相似，由基面和一定高度的垂直面构成。

空间特点：开敞程度比开敞空间低，有一定的指向性，指向封闭程度低的开敞面。

空间感受：豁然开朗、安全。

选用植物：高大乔木、中灌木、草本花卉。

景观应用：景观步道，绿篱围栏等。

三、覆盖空间

覆盖空间由覆盖面与基面构成，是树冠和地面之间的宽阔空间。大型阔冠乔木是营造覆盖空间的良好植物素材，这种植物分枝点较高，树冠一般较大，无论是孤植还是群植，都可以为人们提供较大的活动空间和遮阴休息区。

空间特点：顶面覆盖，但下方可以透过视线和通过。植物的庇荫效果、树冠分枝点的高低会影响人在空间中的感受。

空间感受：安静、安全。

选用植物：分枝点高的大乔木(阔冠植物)、藤本植物。

景观应用：林荫树阵、花廊景观等。

四、纵深空间

纵深空间因两侧被植物遮挡而显得狭长，其将视线引向端点，通常由道路两旁树冠相交的行道树构成。

空间特点：具有很强的引导性和向前的运动感。

空间感受：纵深感强、有引导性、神秘。

选用植物：树叶茂密的高大乔木。

景观应用：入口景观、行道景观等。

五、竖向空间

竖向空间的垂直面封闭，中间空旷，顶平面开敞。这种空间只有上方是开放的，使人仰视，将人的视线引向天空。

空间特点：使用的植物高大且冠幅较小，竖向空间中的植物，树干越高，树冠越小，向上的引导性就会越强，从而营造一种庄严的氛围。

空间感受：围合感强，有安全感。

选用植物：树干笔直且分枝点低、树冠紧凑的中小乔木、高树篱。

景观应用：纪念性园林、绿篱迷宫等。

六. 完全封闭空间

完全封闭空间是由基面、垂直面和覆盖面共同构成的植物空间。它的四周均被中小型植物所围合，顶面被浓密的树冠覆盖。

空间特点：视线在各个方向均被阻隔，空间完全封闭，无方向性，属于独立空间。

空间感受：封闭、压抑、宁静。

选用植物：分枝点低的高大乔木 + 低矮灌木，形成多层次复合景观。

景观应用：林荫小径、私密植物空间。

图 2-8　开敞空间

图 2-9　半开敞空间

图 2-10　覆盖空间

图 2-11　纵深空间

图 2-12　竖向空间

图 2-13　完全封闭空间

1. 阐述 6 类植物空间的特点，为每一类植物空间列举符合其特点的 5 种植物（共 30 种植物）。

2. 试分析在完全封闭空间中，对于相同品种的乔木，其分枝点的高低会对空间效果产生哪些不同的影响。

根据 6 类植物空间的特点，分别手绘其立面图（共 6 张）。

学习活动 3　认识植物景观空间组合设计

码2-3

一、植物空间结构关系

植物景观空间很少只以一种空间类型单独存在，通常都是将各种类型的空间进行组合成为具有一定秩序的空间序列。设计师在进行植物空间设计时，需要将各种类型的空间按照一定结构进行有机组合，形成复合植物空间，从而营造富于变化的空间序列。

1.连接结构

连接结构是指通过加入一个过渡性植物空间来连接两个分离的植物空间。游览者从一个空间 A 进入另一个空间 B，经过作为附属空间存在的过渡性植物空间 C，这将直接影响其心理感受。过渡性空间可以是竖向空间，也可以是覆盖空间，应具有良好的覆盖性或者较强的引导性，直接影响游览者从一个空间进入另一个空间的心理感受。

2.接触结构

接触结构是指两个植物空间的边缘或表面相互接触，但二者不相互重叠的结构关系。一个空间 A 与另一个空间 B 相邻，两个空间的相邻处可以完全隔离开，也可以通过框景、漏景等实现空间的渗透。

3.包容结构

包容结构是指一个大空间中包含了一个或多个小空间而形成的视觉及空间关系。常见的包容结构为开敞、半开敞的大空间或覆盖空间中包含一些其他类型的小空间。

二、植物空间序列

植物空间序列反映植物空间布局，通过一定的路径实现空间的串联，引导游览者在各个空间中穿行。设计师在设计时需要从整体上有序组织各个空间。

1.串联式

植物空间的整体规划可通过轴线的贯穿，让空间序列沿着轴线依次展开，并朝纵深方向发展。通常来说，轴线上结尾处的空间是景观的结点。在串联式空间序列中，设计师可以选择多种空间布局方式，既可以采用规则的对称式布局，也可以采用富有变化的自然式布局。

2.环形式

环形式是指植物空间序列按照路径逐个组合形成单环或套环的结构。这种空间序列可以根据每个单元空间的布局和功能意图进行有序连接，可以直接相连或者通过过渡性空间连接。在每个单元空间中通常会有重点植物景观，其中一到两个景观应该更加明确地突出，使其具有最强的吸引力，从而形成游览中的高潮。

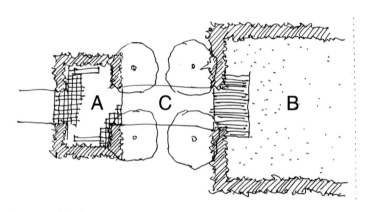

图2-14　连接结构平面图

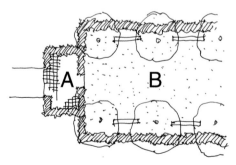

图2-15　接触结构平面图

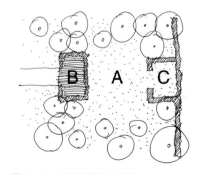

图2-16　包容结构平面图

3.综合式

在现代景观设计中，大型的植物空间常常将以上两种组织方式融合运用。通过综合运用不同的空间序列组织方式，设计师可以在植物空间中创造出丰富多彩的景观，让人们在其中感受到自然之美和独特的园林魅力。

以下图为例，设计师在园区入口之后首先设计一个完全封闭空间，然后立即以对比手法呈现出开敞空间，最后在主体建筑之前利用植物形成半开敞空间。这几个空间呈串联式布局，层次多样、变化丰富。其中，在开敞空间区域，设计师又利用环形式布局形成了一个环形步道空间，给游览者更多游览体验。这就是典型的综合式布局（将串联式和环形式结合起来）。

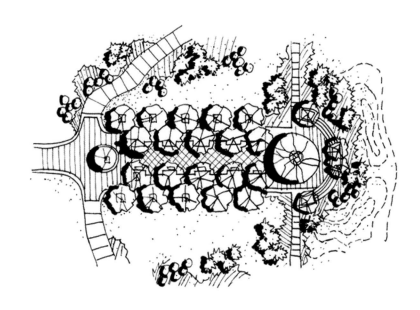

图 2-17　串联式植物空间序列平面图

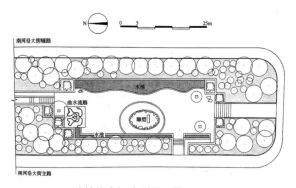

图 2-18　环形式植物空间序列平面图

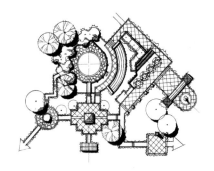

图 2-19　综合式植物空间序列平面图

1. 植物空间的结构关系和组织方式之间的关系是什么？

2. 从平面布局方面来看，植物空间和景观空间之间的关系是什么？

参照课本中植物空间结构关系的平面表达方式，在校园内找到3处植物空间场景，分别与3类结构关系对应，并手绘其平面图。

学习活动4　案例解析

在前文中，我们基于《设计任务书》解读了某城市游园景观项目的植物设计任务，并进行了设计前期的现状调研和分析，本阶段的任务是确定游园植物景观的空间结构。

在植物景观空间构成要素的基础上，植物设计师首先需要基于整体景观方案分析本项目中的植物景观空间类型，下面先来解读该项目的整体景观方案图2-20为项目景观概念平面图。

补充说明：此处仅展示项目的景观概念平面图，植物设计师在实际操作过程中需消化整个景观概念方案文本的内容。

该游园景观分为两个区域，这里以屋顶花园作为对象进行讲解。从概念平面图得知，屋顶花园以螺旋形车行道围合的中心区域作为主景区，该区域以绿化为主；在螺旋形车行道沿线零星分布着一些绿地，为人行出入口、车库出入口及轨道交通站出入口周边的碎片状绿地。

我们回顾前序任务（基地环境条件分析），绘制出现状分析图（如有图2-21所示，作用为辅助说明，表达方式不限）。

通过分析，植物设计师为每块绿地从（间、覆盖空间、纵深空间、竖向空间、完全封闭空间）中选取、确定其空间类型。靠近螺旋形车行道的区域需利用植物进行遮挡，越往中心区域延伸，空间越开阔，因此在螺旋形车行道沿线均采用半开敞空间。在疏林草地之上，利用高大乔木打造覆盖空间（利用其冠幅形成林下空间），由于在中心区域设置了多处廊架，其外围草坪作为开敞空间（无遮挡），同时也是潜在的活动空间。中心区域偏南的通道作为主要的人行步道，可利用植物形成纵深空间（采用行列式种植，具有明确的引导性）。在该场地中，由于场地性质及体量大小限制，不宜采用竖向空间和完全封闭空间。

游园的空间类型划分如下图2-23所示（以中心区域为例，其他区域同理）。

总平面图

1. 精神堡垒（停车场+轨道交通站入口）
2. 停车场入口标识
3. 标识3 内环高速公路入口+轻轨站入口+停车场入口)
4. 老街入口广场
5. 广场休闲座椅
6. 行云广场
7. 云旋主体雕塑
8. 特色座椅
9. 落客区
10. 流水铺装
11. 商业休闲座椅
12. 文化艺术广场
13. 儿童活动乐园

图 2-20 游园景观概念平面图

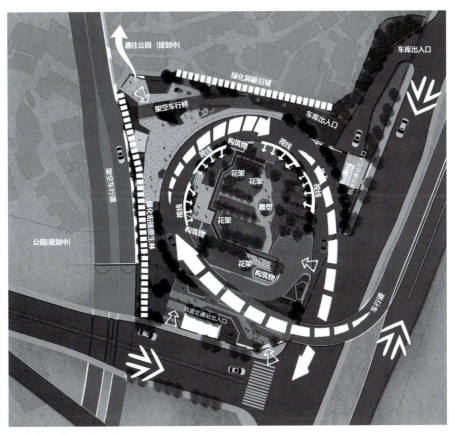

图 2-21 游园现状分析图

图 2-22　游园植物空间类型分布图

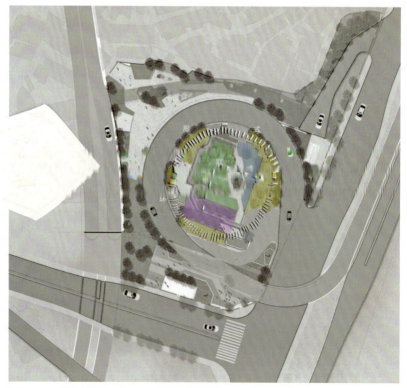

图 2-23　游园空间序列图

在每块绿地内部及相互之间，植物设计师需结合整体景观布局，以及各绿地的空间类型，利用植物空间结构关系、空间序列组织方式等理论知识进行空间组合设计，确定其组合方式（串联式、环形式、综合式）。

基于整体景观布局，屋顶花园的环形步道沿线设置了多处块状绿地，绿地之间的空间序列呈环形式布局，围合出中心区域，中心区域进一步划分为开敞空间、半开敞空间和纵深空间，各空间之间采用串联式布局。

码2-4

任务一作业

完成植物景观空间分析。

活动名称：绘制植物景观空间分析图

活动内容：要求学生独立完成，参考本项目任务一中案例解析的植物空间分析图，基于项目一中对于《设计任务书》的解读以及景观方案的理解，结合现状分析进行项目植物景观空间分析。

成果要求：绘制现状分析图、植物空间类型分布图、空间序列图。

任务二　确定植物种植形式

任务学习目标

通过对本任务的学习，学生应该达到以下目标。

1.知道植物种植的3种形式并能结合整体景观方案合理选择相应的植物种植形式进行植物设计。

2.掌握乔木、灌木、藤本植物、地被植物、草本花卉的种植形式以及组合设计方法并能加以应用。

职业素养

1.系统学习能力：基于植物景观空间类型，学习植物种植形式并能将二者有机结合。

2.知识应用能力：基于对场地现状的调研和分析，利用植物景观空间的相关知识，选择合适的植物种植形式。

学习活动1 认识植物种植形式

植物种植形式主要分为自然式种植、规则式种植和混合式种植。

一、自然式种植形式

自然式种植的植物景观呈现出自然形态，植物不呈行列式种植，各种植物的配置自由变化。在自然式种植形式中，植物以自然生长、无人工造型的形态，展现自然之美。

其实，中国古典园林的精髓就是自然式种植。中国古典园林在植物配置方面一直都追求"师法自然"，以错落有致、自然曲折的方式营造宁静致远、曲径通幽、生动活泼的多样景观空间，就算是面积比较小的园林也是如此。如苏州园林中面积较小的沧浪亭采用"三五成林"的植物种植手法，营造出"咫尺山林"的意境；拙政园作为江南古典园林的代表，利用自然式种植营造出"虽由人作，宛自天开"的园林环境。

自然式种植是园林设计中一种常见的植物种植形方式，强调模拟大自然中的生态系统，让植物自由生长，呈现出自然和生机勃勃的美感。与规则式种植相比，自然式种植更强调与自然环境融为一体，打造出贴近自然的景观。

1.特点与表现

自由生长：自然式种植强调让植物自由生长，不受过多修剪和控制，呈现出自然的生长状态。

不规则布局：植物的布局不受固定的几何形状限制，呈现出自然、随意的状态。

自然地形：自然式种植通常与自然地形相结合，让植物与地形融为一体，形成和谐的景观。

强调生态：自然式种植注重模拟生态系统，通过植物的互动和共生关系，形成丰富多样的生态环境。

2.应用案例

在中国古典园林中，自然式种植是一种重要的植物种植形式，它以模仿自然的植物组织方式和生长状态为特点，强调自然的美学和生态观念。自然式种植在中国古典园林中被广泛应用，其核心理念是"师法自然"，追求与自然融合，创造出优美、和谐、具有艺术美感的园林景观。

（1）杭州西湖

西湖是中国古典园林的代表，其中的一些区域采用了自然式种植。湖泊、山峦和植被相互交织，呈现出错落有致、自然和谐的美景。

（2）苏州留园

留园是苏州古典园林的代表，其植物布局自然随意，以自然山石、水池、假山等为背景，搭配茂盛的植物，打造出宁静而富有变化的景观。

（3）北京颐和园

颐和园中的一些区域采用了自然式种植，湖泊、山峦和植被相得益彰，营造出自然生态的美感。园林中的植物布局灵活多样，让游人在其中感受到大自然的宁静与美丽。

3.优点与缺点

优点：①贴近自然，营造出自然和谐的美景；②不需要过多修剪和人为控制，维护成本较低；③提供更多类型的生态环境，有利于生物多样性。

缺点：①不易控制，在特定的环境中，可能需要做更多的管理和维护工作；②在特定场地，可能显得过于随意和杂乱。

图2-24　苏州拙政园

图2-25　杭州西湖花港观鱼

图2-26　苏州留园

图2-27　北京颐和园

二、规则式种植形式

规则式种植强调几何形状、对称布局和整齐排列，营造出整洁、严谨和庄重的几何图案美。与自然式种植形成鲜明对比，规则式种植更注重人为设计和控制，使园林呈现出人工塑造的美感。

规则式种植在西方古典园林中得到了很好的应用，比如凡尔赛花园，植物以人为性强、几何性强的特点，展现出了一种迥异于东方自然美学的规则之美。另外，规则式种植形式在烈士陵园、纪念广场等纪念性景观中也常常应用，规则式的排列能营造出庄严肃穆的景观氛围感。比如我国的中山陵园林中，在主体景区的中轴线上就大量采用规则式的植物种植形式，游人步行于其间，似乎能感受到孙中山先生革命的情怀，崇敬之情油然而生。在现在的景观设计中，规则式种植还主要运用在公园中的平整草坪、道路、树阵广场等景观节点。

1.特点与表现

中轴对称：规则式种植常沿着中轴线进行布局，形成左右对称的景观效果，强调秩序。

行列等距：植物按照一定的间距和行列数排列，形成整齐的几何图案，如绿篱、整形树木和整形草坪等。

整齐修剪：植物经常经过精心修剪，以保持整洁的形态，乔木和灌木可能被剪成特定的形状，如球形、方形等。

模纹花坛：规则式种植常使用模纹花坛，将花卉按照一定的图案和颜色规律进行组合，形成美丽的花卉景观。

几何形状：规则式种植的景观通常以几何形状为主，如圆形、方形、三角形等，具有清晰的线条和图案。

人工设计感：规则式种植强调人为设计和控制，注重植物的规整营造出人工塑造的美感。

2.应用案例

（1）北京故宫

作为中国古代皇家园林的代表，故宫大量运用规则式种植，如整形树木、绿篱和花坛，形成了庄严肃穆的宫廷风格。中轴对称的布局和整齐修剪的植物让整个园林显得庄重而优雅。

（2）北京奥林匹克公园

北京奥林匹克公园是2008年北京奥运会的主要场馆区域，其中的规则式种植设计为整个公园增添了秩序感。公园内布置了大片整齐排列的花坛和修剪整形的绿篱，形成了简洁而庄重的景观。

图 2-28　法国巴黎凡尔赛花园

图 2-29　北京故宫

图 2-30　北京奥林匹克公园

图 2-31　重庆中央公园

（3）重庆中央公园

重庆中央公园是重庆市的标志性景点，其中主轴线上的银杏、桂花和灌木采用规则式种植形式。植物种植随着景观空间布局变换节奏，形成了美丽的几何图案，带来了舒适的游览体验，营造出欢快而庄重的城市绿地轴线景观。

3.优点与缺点

优点：①呈现整洁和庄重的美感；②容易控制和维护；③能够营造出几何图案和对称美。

缺点：①缺乏自然的随意美；②需要做更多的修剪工作；③不适合所有场地，可能显得过于刻板。

三、混合式种植形式

混合式种植介于规则式和自然式种植之间，结合了两者的优势。这种种植形式能够在同一处园林中创造出多样化的景观效果，通过规则式和自然式的对比和结合，增加了园林的趣味性和吸引力。

混合式种植，顾名思义，既有规则式，又有自然式，吸取了规则式和自然式这两种种植形式的优点。混合式种植形式常常用于面积较大的景观空间中，不仅有效地提高了总体景观的丰富性，还能带给人们更多样的游览体验。

1.特点与表现

整体布局：混合式种植兼具规则式种植的严谨性和自然式种植的灵活性，

通常是轴线的规则式种植结合组团的自然式种植，或者在组团的自然式种植中融入规则式种植。

空间体验：植物空间体验丰富多样，可利用不同的植物空间影响游人的情感，引导游览节奏。

2.应用案例

（1）重庆李子坝抗战遗址公园

公园中的主要游览路径两旁的植物就是以混合式种植为主。临近路径的乔木采用规则式种植，具有良好的引导性；绿地中的植物由规则式种植逐渐过渡到自然式种植，层次分明，为游人营造了良好的游览和休息空间。

（2）重庆鸿恩寺公园

重庆鸿恩寺公园位于一处小山头，其主体建筑鸿恩寺周围采用规则式种植，以烘托建筑的庄严肃穆，周边往公园延伸，逐渐过渡为自然式种植，带给游人轻松、自在的氛围感受。利用不同的植物空间引导游人的心理变化，可以带给游人"人景合一"的观景体验。

（3）英国邱园

邱园是英国皇家植物园，其主轴线两侧、主体建筑周围通常采用规则式种植，但其中的大面积绿地均以自然式种植为主。作为植物园，其植物品种十分丰富，种植形式也尽量还原植物在自然界中的生长状态。同时，其也设置多个主题区域，包括26个户外植物专类园和6个温室，其中包括水生花园、树木园、杜鹃园、杜鹃谷、竹园、玫瑰园、草园、日本风景园、柏园等。

图 2-32　重庆李子坝抗战遗址公园

图 2-33　重庆鸿恩寺公园

3.优点与缺点

优点：①植物空间体验丰富，可引导游人情感变化；②植物品种多样；③容易打造兼具稳定性和季相变化的景观。

缺点：①两种不同的种植形式融合，增加了配置难度；②对植物后期的养护管理有更高的专业要求；③对场地的体量大小有一定要求。

图 2-34 英国邱园

思考题

　　1.规则式种植和自然式种植是完全独立的两种植物种植形式吗?

　　2.结合自己的游览体验,试分析不同的植物配置方式是如何影响你的游览体验的?

实践题

　　自定一个公园景观案例,2人一组,结合课堂内容分析其中的植物种植形式,要求至少选择6处场景,须涵盖课堂所讲的3种植物种植形式;制作PPT文件,图文结合。

学习活动 2　确定乔木、灌木种植形式

码2-6

一、孤植

　　孤植主要表现植株个体的特点,如奇特的姿态、流畅的线条、浓艳的花朵、硕大的果实等。

　　必须注意确保孤植树的高矮、姿态等与空间大小相协调。开阔空间应选择高大的乔木作为孤植树,而狭小空间则应选择小乔木或者灌木等作为孤植树,并应避免其处在场地的正中央,而应使其稍稍偏向一侧,以形成富于动感的景观效果。

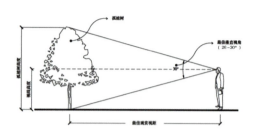

图 2-35　孤植　　　　　　　　　　　　图 2-36　观赏视距示意图

在空地、草坪上配置孤植树时，必须留有适当的观赏视距，如上图所示。此外需以蓝天、水面、草地等色彩单一的场景为背景，对孤植树加以衬托，以凸显其个体美。

二、对植

对植是指两株（丛）相同或相似的植物，按照一定的轴线关系，做相互对称或均衡的种植。对植主要用于强调公园、建筑、道路、广场的出入口或桥头的两旁，在构图上形成配景和夹景。与孤植树不同，对植的植物很少做主景。

1.对称式对植

对称式对植指以主体景观的轴线为对称轴，对称种植两株（丛）品种、大小、高度一致的植物，两株（丛）植物种植点的连线应被轴线垂直平分。

对称式对植的两株（丛）植物大小、形态、造型需要相同或相似，以保证景观效果的统一。

2.非对称式对植

非对称式对植两株（丛）植物在主体景观的轴线两侧按照中心构图法或者杠杆均衡法进行配置，形成动态的平衡。需要注意的是，非对称式对植的两株（丛）植物的动势要向着轴线方向，形成左右均衡、相互呼应的状态。与对称式对植相比，非对称式对植要灵活许多。

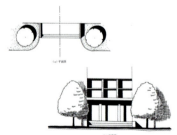

图 2-37　对称式对植

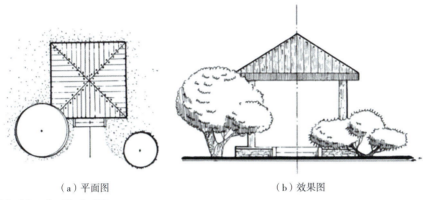

（a）平面图　　　　　　　　　　　　（b）效果图

图 2-38　非对称式对植

三、列植

列植指乔、灌木按一定的株行距成排成行地种植。沿景观中心区域或景物周围有规律地种植乔、灌木，既可以体现次序美，又可以起衬托的作用。当列植的线型由直线变为圆形时，可称之为环植。

行道树最适合采取列植的种植形式，通常为单行或双行，选用树冠形态比较整齐一致的种类。株距与行距的大小应视树的种类和所需要遮阴的情况而定。一般大乔木行距为 5~8m，中小乔木为 3~5m，大灌木为 2~3m。灌木列植成绿篱时，株行距一般为 30~50cm。

图 2-39　列植

列植树木要保持两侧的对称性，平面上要求株行距相等，立面上树木的冠幅、胸径、高矮则要大体一致。列植树木形成片林，可做背景或起划分空间的作用。

四、丛植

丛植指三至五株相同或相似种类的乔、灌木高低错落、紧密地种植在一起，其林冠线彼此密接而形成一个整体的外轮廓线。

1.三株丛植

三株丛植适合选用一个或两个树种，若选用两个树种，需同为常绿树或落叶树，同为乔木或灌木。三株树木的大小、姿态都应有差异，但应符合多样统一构图法则。三株树木忌栽植在同一直线上或栽植成等边三角形，不同种类的两株树木不能单独成组。画论指出"三株一丛，第一株为主树，第二树第三树为客树""三株一丛，则两株宜近，一株宜远，以示别也，近者道曲而俯，远者宜直而仰""三株一丛，三树不宜结，也不宜散，散则无情""乔灌分明、常绿落叶分清，针叶阔叶有异。总体上讲求美，有法无式，不可拘泥"。

2.四株丛植

四株丛植宜选用一个或两个树种，若选用两个树种，必须同为乔木或灌木才易调和。如果选用三个以上的树种，或大小悬殊的乔木、灌木，就不易调和。四株丛植的树木不能两两一组，应为3：1的组合。平面上可布置成三角形或四边形。最大的和最小的都不能单独成为一组。

树种相同时，最大的一株要在集体的一组中，远离的可用大小排列在第二、三位的一株；树种不同时，只能三株为同一树种，一株为另一树种，这一株不能最大，也不能最小，且不能单独为一组，要居于另一树种中间，不能靠边。

3.五株丛植

若采用五株树木同为一个树种的组合方式，每株树木的姿态、动势、大小、树木之间的栽植距离等都应不同。最理想的分组方式为3：2，就是三株一组、两株一组，主体必须在三株的那一组中。另一种分组方式为4：1，其中单株树木不宜最大或最小。

五株树木中，若三株为一树种，两株为另一树种，则容易平衡；若四株为一个树种，一株为另一树种，则不易协调，一般不采用这种组合方式。

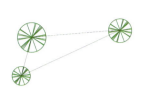

图 2-40　三株丛植

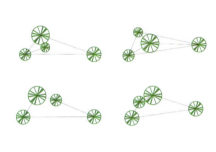

图 2-41　四株丛植

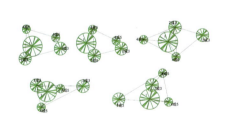

图 2-42　五株丛植

五、群植

　　群植指很多乔、灌木（一般在 30 株以上）混合成群栽植，主要表现群体。树群通常可做主景，用于观赏。

　　按照组成树群的树种数量，树群分为纯林和混交林。纯林仅包含一树种，因此整体性强，壮观、大气。需要注意的是，纯林一定要选用抗病虫害能力较强的树种，以防止病虫害的传播。混交林由两个以上的树种成片栽植而成，这种配置方式又称为"片混"。与纯林相比，混交林的景观效果较为丰富，并且

图 2-43　樱花群植

其可以避免病虫害的传播，因此使用率较高，但一定要注意树种宜精不宜杂，配置 1~2 个骨干树种，以及选择一定数量的乔木和灌木作为陪衬即可。

设计树群时，应选择高大、外形美观的乔木构成整个树群的骨架，作为主景；以枝叶密集的植物作为陪衬；选择枝条平展的植物作为过渡或者边缘，以获得连续、流畅的林冠线和林缘线。

设计群植景观的时候，还应该根据生态学原理，模拟自然群落的垂直分层现象配置植物，以获得相对稳定的植物群落——以阳性落叶乔木为上层，耐半阴的常绿树种为第二层，耐阴的灌木、地被植物为第三层。

六、林植

林植指大面积、大规模的成带成林状的配置方式，构成的林地或森林景观称为风景林或树林。这是将森林学、造林学的概念和技术措施按照园林的要求引入自然风景区和城市绿化建设中形成的配置方式。

1.密林

密林一般应用于大型公园和风景区，水平郁闭度为 0.7~1.0，阳光很少透入林下，土壤湿度很大。地被植物含水量高，经不起踩踏，容易弄脏衣物，林下空间不便游人活动。

2.疏林

疏林的水平郁闭度通常为 0.4~0.6，疏林常应用于大型公园的休息区，并与草地相结合，二者合称疏林草地。

图2-44 密林（左）和疏林（右）

疏林设计中，乔木的株行距应为10~20m，最低要求是不小于成年树的树冠直径。疏林中的树种应具有较高的观赏价值：树冠舒展，树荫疏朗，生长势强，树干、叶片、花朵均具有一定特色。疏林通常选用常绿树与落叶树搭配种植。

在疏林草地的搭配过程中，树木的种植要三五成群，疏密相间，有断有续，错落有致，使构图生动活泼。游人常在草地上活动，因而可打造嵌花的草地，并设置步道。为使林下花卉生长良好，乔木的树冠应疏朗一些，不宜过分郁闭，以满足林下花卉的光照需求。

七、篱植

篱植指植物密集栽种成带状。篱植根据所选乔木或灌木的高度不同，可以形成不同的绿篱效果。

1.篱植的高度

根据使用功能的不同，可选用不同高度的绿篱。

矮绿篱：通常高度在50cm以下，可跨越。

中绿篱：通常高度为50~120cm，有一定的隔离作用，但可跨越。

高绿篱：通常高度为120~160cm，视线通透但不可跨越。

绿墙：高度在160cm以上，可根据需要在绿墙上设置洞门。

图 2-45 篱植

2.篱植的密度

篱植密度需要根据植物品种、规格、篱植宽度等多种因素灵活设计。

矮绿篱：株距 15~30cm，行距 20~40cm。

中绿篱：株距 30~50cm，行距 25~50cm。

高绿篱：株距 50~75cm，行距 40~60cm。

绿墙：株距 75~120cm，行距 60~90cm。

思考题

不同的乔木、灌木种植形式和前文讲的空间组合设计的关系是什么？

实践题

请你用自己的语言介绍 7 种乔木、灌木种植形式。

学习活动 3　确定藤本、地被植物种植形式

码2-7

一、藤本植物种植形式

植物景观设计中，常见的藤本植物种植形式有廊架种植、墙体种植、篱垣种植和假山石种植。

1.廊架种植

廊架种植指将藤本植物覆盖在各种花架、廊架等构筑物上，形成独特的绿化景观，该形式在园林中最常见。用于制作廊架的材料有木材、竹类、砖石、钢筋混凝土、金属等。廊架材质不同，宜搭配不同的藤本植物。用钢筋混凝土、砖石制作的廊架体量较大，应选用大型藤本植物，如凌霄、紫藤、油麻藤等木质藤本；而竹木、金属材质的廊架体量偏小，应选用小巧藤本植物，如牵牛、金银花、丝瓜等缠绕藤本。

2.墙体种植

墙体种植将藤本植物用于建筑物墙面、挡土墙等墙体表面的绿化形式，包括建筑物墙面绿化、挡土墙绿化、护坡绿化等。墙体种植能美化建筑物、在视觉上软化硬质墙体。墙体绿化对植物吸附力要求较高。对于粗糙的墙体表面，可以选择枝叶粗大的植物种类，比如爬山虎、凌霄等；对于光滑的墙体表面，要选择枝叶细小、吸附能力强的植物种类，比如常春藤、小叶扶芳藤等。墙体的朝向也会影响植物品种的选择，如墙体朝北，可选择扶芳藤、络石等耐阴的植物，而凌霄、爬山虎适用于朝阳的墙体。

3.篱垣种植

篱垣种植指藤本植物依靠篱笆、栏杆等矮小构筑物向上生长，有围合、防护和分隔等功能，在植物造景中较为常见。篱垣高度一般低于3m，可搭配的藤本植物种类较多，如金银花、藤本月季、扶芳藤等。

4.假山石种植

假山石种植指藤本植物种植在假山石局部，与假山石搭配，营造出充满野趣的景观效果。如果想要表现假山石的优美，应选择枝叶细小的藤本植物，如蔓长春花、络石等；如果想要表现假山石植被茂盛的景色，就要选择扶芳藤、地锦这样枝叶茂密的植物。

图 2-46　廊架种植的三角梅　　　　　　　　图 2-47　墙体种植的络石

图 2-48　篱垣种植的月季　　　　　　　　　图 2-49　假山石种植的凌霄

码2-8

二、地被植物种植形式

1.草坪种植形式

　　草坪指的是具备美化环境的功能，可供人们休憩娱乐或者进行体育活动的坪状草地。

　　现代植物造景中，设计师越来越重视草坪的种植。大面积的草坪能够形成开阔的空间，给人们带来舒畅的感觉。现代城市景观中常用混播草坪，即用两个或两个以上的草种混播培育而成的草坪，其运用不同草种的特性，最大限度发挥景观功能。不同地域用于混播的草种也不尽相同。

　　草坪的种植形式通常是满铺，即将整个地面布满。虽然草坪的种植形式单一，但在设计时注意以下几点，仍有助于营造出富有层次的草坪景观。

　　第一，注重草坪的外形轮廓设计。同样是满铺草坪，规则和自然的外形轮廓能营造出完全不同的景观效果。

图 2-50　开阔的草坪空间

第二，在草坪种植区域，可以进行微地形设计。特别是自然式的草坪，结合适当的地形设计，可以丰富立面景观效果。

第三，草坪大多作为植物景观的背景，所以草坪的种植可以和上层植物的孤植、列植、丛植、群植等多种种植形式结合，只要注重上层植物的配置，就能营造出丰富多样的草坪景观。

2.其他地被植物种植形式

其他地被植物常见的种植形式有片植、色块种植。

（1）片植指将地被植物成片种植，形成整体的效果。片植常常采用"乔木＋地被植物"的组合形式，在城市绿地中被广泛应用。片植通常选择常绿地被植物，同时由于种植在树下，选择的植物要有耐阴、耐旱的特性，像葱兰、麦冬、冷水花等都是常用的片植品种。例如公园中大面积片植葱兰覆盖地面，增加生态效益；树坛中的地面也常常采用片植地被植物的形式进行覆盖，但由于面积不大，通常选择单一的植物品种进行种植设计。

（2）色块种植指将颜色不同的地被植物密植在一起，组成植物色块，这种种植形式同样被广泛应用在现代园林景观中。在进行色块种植时，常将彩叶灌木和常绿灌木搭配，以形成较强的视觉冲击力。色块种植有两种形式。第一种是规则式色块种植，以几何式规则图案构图，简洁大气且抓人眼球。第二种是模纹式色块种植，以曲线式构图，富于动感。地被植物的种植都是以平面化构图进行造景。

图 2-51　葱兰片植

图 2-52　采用色块种植方式的花海

思考题

不同的藤本、地被植物种植形式和前文讲的空间组合设计的关系是什么？

实践题

请你用自己的语言介绍藤本、地被植物种植形式。

学习活动 4 确定草本花卉种植形式

码2-9

一、花坛

1.平面花坛

平面花坛指在一定种植范围内，按照整形式或半整形式的图案栽植观赏植物以表现其群体美的园林设施。通常是在具有几何形轮廓的植床内，种植各种不同颜色的花卉，运用花卉的群体效果来表现图案之美，以突出其色彩或优美的装饰效果。

2.立体花坛

立体花坛是指将一年生或多年生小灌木或草本花卉种植在立体构架上，形成的植物艺术造型，是对园艺技术和园艺艺术的综合展示。它通过各种植物表现和传达各种主题、信息和形象，一般来讲，立体花坛表面的植物覆盖率至少要达到80%，因此通常意义上修剪、绑扎植物形成的造型并不属于立体花坛。

二、花境

花境是模拟自然界中林地边缘地带多种野生花卉交错生长的状态，运用艺术手法提炼、设计而成的一种花卉应用形式。它在设计形式上是竖向和水平方向的综合景观，从平面上看是各种花卉的块状混植，立面上看高低错落。每组花丛通常由5~10种花卉组成，一般同种花卉要集中栽植。花丛内应由主花材形成基调，次花材作为补充，由各种花卉共同形成季相景观。花境表现的主题是植物本身所特有的自然美，以及植物自然景观。

图 2-53 平面花坛

图 2-54 立体花坛

1.花境的分类

按照观赏角度不同，花境可分为平面观赏花境、单面观赏花境、双面观赏花境、独立花境和点缀式花境等。

平面观赏花境常设于区域边缘，常以绿篱、绿墙、树丛或建筑物等作为背景，种植时前低后高，以保证花开时不互相遮挡。

单面观赏花境多设于道路两旁，以强调边界；也可作为树林前景，以树林为背景，形成多姿多彩的植物景观。

双面观花境大多设置在分车绿带中央或树丛间，一般中间高两边低，高低错落，变化有序，以保证其两面均为观赏面。

独立花境观赏效果最佳，各个面均为观赏面，通常设在人群比较集中的区域，如园路交叉口、草坪等。

点缀式花境是指在园林小品附近点缀的花丛或与其搭配的趣味花境。

按照所用植物材料，花境可分为专类植物花境、宿根花卉花境和混合花境。

专类植物花境即由一类或一种植物组成的花境，如芍药花境、百合花境、鸢尾花境、郁金香花境等。

宿根花卉花境即由宿根花卉组成的花境。

混合花境中除花卉外，还有花灌木或草坪。

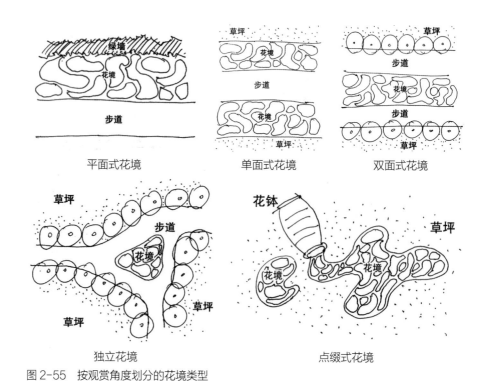

平面式花境　单面式花境　双面式花境

独立花境　点缀式花境

图2-55　按观赏角度划分的花境类型

图 2-56　专类植物花境——郁金香花境

图 2-57　宿根花卉花境

图 2-58　混合花境

图 2-59　英国威斯利花园中路旁的花境既能分隔空间，又能组织游览路线

2.花境的功能

　　花境具有分隔空间和组织游览路线的功能。花境植物通常层次、品种丰富，因此具有一定的体量，常用于分隔空间。另外，花境植物往往成为场景中的亮点，对游人具有很强的吸引力，也常用来组织游览路线。

3.花境植物的搭配原则

　　（1）形态的整体性

　　每个花境中的植物都有主景和配景之分，主景需选择外观形态相对一致的植物品种，配景与其呼应或对比，寻求统一中的变化。植物配置要求高低错落，具有层次感。

　　（2）色彩的整体性

　　花境植物的颜色要有主色、配色、基色之分，既要有对比，又要相协调、相统一。无论是全局还是局部，闹与静在很大程度上都受颜色的制约。

　　颜色分冷色与暖色，人的情绪与颜色密切相关。如墓园中明显需要冷色，飞燕草、蓝鸢尾、白杜鹃、白丁香、白百合等都很适用，而纪念碑、纪念塑像则要由被纪念的人物特性决定采用什么样的植物或颜色。在小面积的花园里，一片花境的颜色足以统治全园的气氛。根据特定的场合选用冷色或暖色，能很好地营造出特定的气氛。

　　（3）杂而不乱

　　在种植花境植物时，一般情况下每组花丛由 5~10 种花卉组成为宜，且每一种花卉要尽量集中栽植，体量可大可小，根据场地空间关系而定。切忌各种花卉分散种植，这样会显得杂乱无章。

图 2-60　观赏草主题花境

（4）预留生长空间

花境植物往往采用相对密集的种植方式，然而植物的生长势是后期效果呈现的关键影响因素，因此相邻的花卉，其生长势与繁衍速度应大致相似。另外，在种植花境植物时，需要为每株植物预留生长空间。

思考题

1. 花坛、花境分别有哪些类型？
2. 简述花境植物的搭配原则。

实践题

通过运用目前所学知识及查阅资料，为这样的主题花境选择合适的植物品种：时装秀场景下的蓝色系主题花境，营造出宁静的环境氛围，要求观叶植物和观花植物结合，并考虑四季分明的季相变化效果。

学习活动 5　案例解析

该阶段植物设计师需基于空间组合设计确定植物种植形式。

整体景观布局十分现代且强调线条的构成感，根据其空间类型及空间序列，进一步将植物种植形式确定为混合式种植（规则式结合自然式）。靠近具有构成感的线条（步道）的区域采用规则式种植，进一步强化其设计感；延伸至绿地空间后，逐渐过渡为自然式种植，避免整体显得过于严肃，通过自然式种植营造相对轻松的场景氛围。

在整体景观布局的基础上，通过场地的交通分析、视线分析等，找出场地的视觉焦点，布置点景树（孤植树）；在主要出入口利用对植的方式增强其仪式感；利用常绿乔木列植遮挡螺旋形车行道，以缓解其带来的压迫感；在草坪空间中丛植、群植乔木，以提供林下休闲空间；在场地的边缘利用篱植限定其边界。

游园植物配置结构图如下（以中心区域为例，其他区域同理）。

图 2-61　游园植物配置结构图

码2-10

任务二作业

完成植物种植形式分析。

活动名称：调研及分析植物种植形式。

活动内容：要求学生独立完成，收集校园内不同的植物种植形式的图片并分析庭园项目的植物种植形式。

　　成果要求：与任务二中各阶段的要点对应，在校园中找到相应的植物实景图，并制作 PPT 文件（图文结合）；参照案例解析中的示例，绘制庭园项目的植物配置结构图。

　　备注：植物种植形式分析参考图请扫码获取。

任务三　选择园林植物品种

任务学习目标

　　通过本任务的学习，学生应该达到以下能力目标：

　　1. 能够观察和识别常见的园林植物品种。

　　2. 知道园林植物的景观特征以及在景观设计中的应用方法。

　　3. 知道不同植物品种的生长要求。

职业素养

　　1. 收集观赏植物的特征，能够记录并整理相关数据以供设计参考。

　　2. 查找和使用网络资源、专业书籍、植物数据库等学习资源，获得植物品种的相关信息。

　　3. 能向他人有效地传达关于植物品种的信息。

学习活动 1　认识植物的形态特征

　　园林植物种类繁多，姿态各异，每一种植物都有着自己独特的形态，经过合理搭配，就会产生与众不同的艺术效果。植物形态特征主要通过植物的外形以及质感等因素加以描述。

一、植物的外形

　　植物的外形指的是单株植物的外部轮廓，不同的外形具有不同的视觉效果，植物设计师通过组合搭配，可以打造出丰富多样的植物组团和空间。

1.植物外形分类

自然生长状态下，植物外形的常见类型有圆柱形、尖塔形、圆锥形、卵圆形、广卵形、球形、伞形、半球形、匍匐形等，特殊的有垂枝形、棕榈形等。

表2-2　植物外形分类

类型	观赏效果	代表植物
圆柱形	高耸，构成垂直的线条	杜松、塔柏、新疆杨、黑杨、钻天杨等
尖塔形	庄重、肃穆，宜与尖塔形建筑物或者山体搭配	雪松、冷杉、沈阳桧、南洋杉、水杉等
圆锥形	庄重、肃穆，宜与尖塔形建筑物或者山体搭配	圆柏、云杉、幼年期落羽杉、金钱松等
卵圆形	柔和，易于调和	球柏、加杨、毛白杨等
广卵形	柔和，易于调和	侧柏、紫杉、刺槐等
球形	柔和，无方向感，易于调和	万峰桧、丁香、五角枫、黄刺玫等
馒头形	柔和，易于调和	馒头柳、千头椿等
扁球形	水平延展	板栗、青皮槭、榆叶梅等
伞形	水平伸展	老年期落羽杉、合欢等
垂枝形	优雅、平和，将视线引向地面	垂柳、连翘、龙爪槐、垂榆等
钟形	柔和，易于调和，有向上的趋势	欧洲山毛榉等
倒钟形	柔和，易于调和，有向上的趋势	槐树等
风致形	奇特、怪异	老年期油松
龙枝形	扭曲、怪异，创造奇异的效果	龙爪桑、龙爪柳、龙爪槐等
棕榈形	构成热带风光	棕榈、椰子等
半球形	柔和，易于调和	金老梅等
丛生形	自然	玫瑰、连翘等
匍匐形	伸展，用于地面覆盖	铺地柏、迎春花、地锦等

2. 植物外形在景观中的应用

植物常与建筑、水体、地形等要素结合形成景观空间。植物与这些要素在形态、色彩、肌理上形成对比，丰富了景观的空间层次，营造出特有的植物形态构图与景观空间美感。

（1）与建筑组合形成景观

水平展开类植物延伸了建筑的外轮廓，有助于其与周围环境相融合；无方向类植物宜配置于建筑旁，以柔化建筑，尤其是弱化其边角的坚硬质感。

不同风格的建筑，亦需搭配不同外形的植物。例如，纪念性建筑周围多用圆锥形、尖塔形的植物来衬托建筑的庄严。

（2）与水体组合形成景观

景观中的各类水体常借助植物来丰富层次，这也使之更富有自然情趣。水体在景观空间中相当于地平面，而要围合空间就需要借助一定形态的植物。因此，不同形态的植物对水体有一定的限制和引导作用。

大面积水体多以群植为主，应注重丰富植物群落的林冠线，宜选择垂直形态的植物，并配以低矮花木和常绿植物，使植物层次更为丰富。小面积水体则多用较小的植物如睡莲等。不同形态的植物与水边景观相呼应，加上水中倒影，可使景深增加。但需要控制植物形态、位置和范围，以达到适当留白的艺术效果。

从构图艺术上分析，探向水面的枝条，或平伸，或斜展，或拱曲，在水面上方都可形成优美的线条。尤其是一些姿态优美的树种，以其伸向水面的枝干做框，以远处的景色为画，增加了水景的层次。

图 2-62　烈士陵园的尖塔形植物塔柏

图 2-63　向水面倾斜的红枫

图 2-64　树冠水平展开的蓝花楹与地形相协调

（3）与地形组合形成景观

植物与地形的巧妙结合，可以增强或削弱由于地形变化而产生的空间感。平坦地形可以种植挺拔形态的植物，从而在视觉上提升空间高度；也可以用低矮灌木达到降低空间视觉中心的效果。挺直、高耸的植物，常用来强调地形。而低矮、形态柔和的植物，常用来增强低洼地形的空间通透性，在高地上则会在视觉上降低空间高度。再如，水平展开类植物可以与平坦的地形相协调，无方向类植物则可以和起伏的地形相呼应。

二、植物的质感

1.植物质感分类

植物的质感是指单株植物或者群体植物直观的光滑或粗糙程度，它受到植物叶片的大小和形状、枝条的长短和疏密程度以及干皮的纹理等因素的影响。根据植物的自然质感，可将其分为3类：粗质型、中粗型及细质型。

码2-12

表 2-3　植物的质感分类

质感类型	特点	代表植物	景观特性
粗质型	具有大而多毛的叶片、疏松而粗壮的枝干，其叶片也较为疏松	二乔玉兰、广玉兰、重阳木、枫香、乌桕、喜树、梧桐等	具有力量感、强壮、刚健
中粗型	具有中等大小的叶片、枝干以及具有适度密度的植物	女贞、槐树、刺槐、银杏、紫微等	作为粗质型和细质型的过渡
细质型	有许多小叶片和小枝，以及具有整齐密集的特性	垂柳、金丝桃、合欢、鸡爪槭、绣线菊、珍珠梅、珍珠花、文竹、苔藓等	柔和、纤细

2.植物质感在景观中的应用

（1）粗质型植物

粗质型植物由于其粗糙的质地，因此具有较强的视觉冲击力，在景观设计中可作为焦点，以吸引观赏者的注意力。粗质型植物多用于不规则的景观中，它们不宜配置在要求有整洁的形式和鲜明轮廓的规则的景观中。另外，粗质型植物有趋向观赏者的动感，这会使观赏者感觉自己与植物间的可视距离短于实际距离的。如果一个空间中粗质型植物居多，这会使空间显得拥挤。因此，粗质型植物适合运用在较大空间中，在小空间中不宜过多种植。

（2）中粗型植物

中粗型植物往往充当粗质型和细质型植物的过渡成分，将整个布局中的各个部分连接成一个统一的整体。落叶植物的质感会随着季节改变而变化，冬季落叶后，其质感会变粗糙。因此，如果要避免冬季植物景观显得凌乱，则需要在进行植物配置时按照一定的比例合理搭配常绿植物和落叶植物。

（3）细质型植物

细质型植物因其质感细腻，在景观中并不醒目，但其轮廓清晰，常常作为景观背景。与粗质型植物相反，细质型植物有远离观赏者的动感，这会使观赏者感觉自己与植物间的可视距大于实际距离。因此，此类植物常常配置在小空间中。

图 2-65　粗质型植物广玉兰

图 2-66　中粗型植物黑松

图 2-67 细质型植物红豆杉

1. 植物的外形受哪些因素影响?

2. 与园林工程材料质感做对比,如何理解植物的质感?

试选取一个园林场景,分别以粗质型植物和细质型植物为主制作植物景观方案,并对比、分析景观特点(可自主选择分析的内容)。

学习活动 2 认识植物的色彩与季相

植物的色彩主要通过其枝干、叶、花、果实等部位表现出来。

码2-13

一、枝干的色彩

在冬季树叶掉落后,枝干的色彩成为主要观赏景观。园林树木的枝干大多为深浅不等的褐色。

1.色彩分类

白色系：白皮松、白桦、毛白杨、悬铃木等。

黄色系：金竹、黄瑞木、连翘等。

红色系：红瑞木、月桂、马尾松、山杜英等。

绿色系：竹、梧桐、槐树、迎春花等。

2.景观设计中的应用

枝干色彩具有持久、稳定的特点，群体效果较好，例如用白色枝干的树种做行道树，可使道路显得宽阔明净。

在进行丛植配景时，要注意枝干颜色之间的关系。有些树木的枝干颜色十分醒目，可做主景，同时以枝干为其他颜色的树木对其加以衬托。

二、叶的色彩

植物叶色变化丰富，直观性强、观赏面大且观赏期长。此外还有一些变色叶树种，其叶色随着季节的变化而变化，在不同的季节、不同的环境，其叶片会呈现不同的色彩，这为园林设计提供了丰富的资源。

1.色彩分类

根据植物叶色是否变化，可将其分为季相色叶植物和常色叶植物。

图2-68 用白色枝干的悬铃木做行道树

表 2-4　色叶植物（部分）分类表

类别	子目	颜色	代表植物
季相色叶植物	秋色叶	红色 / 紫红色	黄栌、乌桕、漆树、黄连木、南天竹、樱花、山楂等
		金黄色 / 黄褐色	银杏、鹅掌楸、梧桐、洋槐、紫荆、栾树、悬铃木、水杉、紫薇等
	春色叶	红色 / 紫红色	五角枫、枫香、鸡爪槭、红叶石楠、茶条槭、爬山虎等
		新叶特殊色彩	云杉、红叶石楠等
常色叶植物	彩色叶缘	银边	银边常春藤、绣球等
		红边	红边朱蕉、紫鹅绒等
	彩色叶脉	白色 / 银色	银脉凤尾蕨、白网纹草等
		黄色	金脉爵床等
		多种颜色	彩纹秋海棠等
		白色或红色叶片，绿色叶脉	花叶芋等
	斑叶叶片	点状	洒金一叶兰、细叶变叶木等
		线状	虎皮兰、金心吊兰等
		块状	变叶木、冷水花等
		彩斑	彩叶草等
	彩色叶片	红色 / 紫红色	红叶小檗、红叶景天等
		紫色	紫叶李、紫叶小檗等
		黄色 / 金黄色	金叶女贞、金焰绣线菊等
		银色	银叶菊、银叶翠等
		叶片两面异色	胡颓子、青紫木等
		多种颜色	叶子花等

2.景观设计中的应用

（1）常色叶植物的叶色相对稳定，变化不明显，因此其是构建色块、镶拼模纹和组建彩篱的绝佳材料。在绿色树丛前配置叶片呈红色或黄绿色的树木，可以营造稳定的园林景观。

（2）将叶色明度较高的植物种植于深绿色植物之间，形成色彩明暗对比，增强观赏性。秋季利用植物叶色的丰富性，将不同品种的植物合理搭配，可以产生"层林尽染"的园林艺术视觉效果。

三、花的色彩

鲜艳的花色给人最直接、最深刻的印象，是园林植物色彩的主要来源。花色复杂多变，可以给人带来不同的感受，形成各式各样的景观效果。

1.色彩分类

表2-5　开花植物（部分）花色分类表

花色	代表植物
白色	白碧桃、夹竹桃、白兰花、刺槐、深山含笑、山楂、石榴、广玉兰、含笑、梨、葱兰、六月雪、茉莉花、一串白、玉簪等
红色	垂丝海棠、杜鹃、梅花、日本晚樱、山茶、夹竹桃、木槿、虞美人、月季、美人蕉、秋海棠、牡丹、红花石蒜、孔雀草、大丽花、八宝景天、百日草、彩叶草、石竹、天竺葵等
黄色	黄花槐、鹅掌楸、丹桂、金桂、腊梅、结香、金丝桃、伞房决明、黄牡丹、金盏菊、垂盆草、半枝莲、孔雀草、旱金莲、花毛茛、三色堇、洋水仙等
紫色	八仙花、大花葱、二月兰、凤眼莲、藿香蓟、桔梗、蓝睡莲、裂叶美女樱、三角梅等

2.景观设计中的应用

（1）开花乔木

开花乔木具有明显的季节提示性，一年四季（除华北地区、新疆地区）均有不同的开花乔木开花。不同的季节配置不同的开花乔木，对园林环境的品质感和价值感具有明显的正向作用，且易形成记忆点，所以开花乔木的季相搭配对景观效果有很大影响。开花乔木可以种植在开阔的草坪上、道路边、林边区域，也可将开花乔木成片种植（如樱花、海棠、木芙蓉等适合片植）。

（2）草本花卉

草本花卉花色极多，不同花色组成的绚丽色块、色斑、色带及图案在植物配置中应用极广，可形成不同的观赏效果。

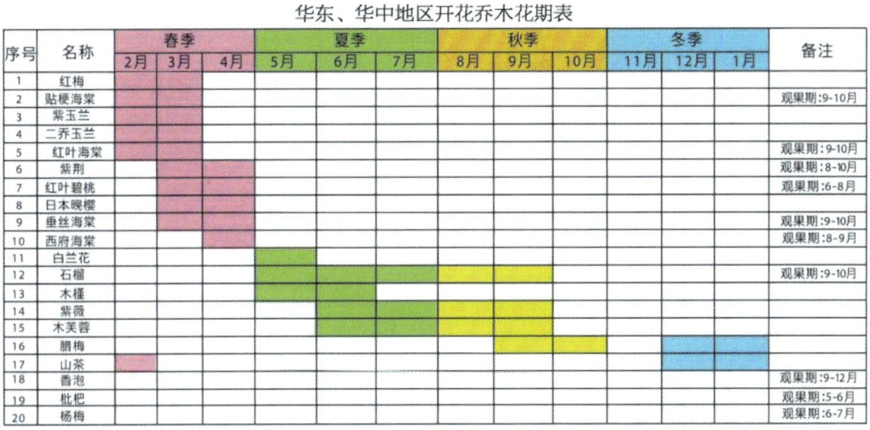

华东、华中地区开花乔木花期表

序号	名称	春季 2月	3月	4月	夏季 5月	6月	7月	秋季 8月	9月	10月	冬季 11月	12月	1月	备注
1	红梅	●	●											
2	贴梗海棠	●	●											观果期:9-10月
3	紫玉兰	●	●											
4	二乔玉兰	●	●											
5	红叶海棠	●	●											观果期:9-10月
6	紫荆		●	●										观果期:8-10月
7	红叶碧桃		●	●										观果期:6-8月
8	日本晚樱		●	●										
9	垂丝海棠		●	●										观果期:9-10月
10	西府海棠		●	●										观果期:8-9月
11	白兰花				●	●	●							
12	石榴				●	●	●	●						观果期:9-10月
13	木槿					●	●	●	●					
14	紫薇					●	●	●	●					
15	木芙蓉							●	●					
16	腊梅							●	●		●	●		
17	山茶										●	●	●	
18	香泡													观果期:9-12月
19	枇杷													观果期:5-6月
20	杨梅													观果期:6-7月

图 2-69　华东、华中地区开花乔木花期表

华北、西北地区开花乔木花期表

序号	名称	春季 2月	3月	4月	夏季 5月	6月	7月	秋季 8月	9月	10月	冬季 11月	12月	1月	备注
1	红叶李		●	●										观果期:8月
2	山桃		●											观果期:7-8月
3	西府海棠		●	●										观果期:6-7月
4	山杏		●											观果期:8-9月
5	碧桃		●	●										观果期:6-8月
6	二乔玉兰		●	●										
7	紫玉兰		●	●										
8	垂丝海棠		●	●										观果期:9-10月
9	紫荆			●										观果期:8-10月
10	榆叶梅		●	●										观果期:5-7月
11	木瓜海棠			●										观果期:9-10月
12	樱花			●	●									
13	紫丁香			●	●									
14	暴马丁香			●	●									
15	北美海棠			●	●									观果期:8-9月
16	花石榴					●	●							观果期:9-10月
17	紫薇					●	●	●	●	●				
18	木槿						●	●	●					观果期:8-9月
19	山楂													观果期:8-9月
20	柿子													观果期:10月
21	枣树													观果期:8-9月

图 2-70　华北、西北地区开花乔木花期表

表 2-6　不同花色的草本花卉（部分）统计表

季节	蓝色	紫色	粉色	白色	黄色	橙色	红色	混色
春	二月兰、勿忘草	三色堇、金鱼草、紫罗兰	金鱼草、美女樱、高雪轮、矮雪轮	雏菊、金鱼草、紫罗兰、茼蒿菊	三色堇、金盏菊、茼蒿菊	金盏菊、金鱼草	金鱼草、紫罗兰	三色堇、紫罗兰
夏	翠菊、矢车菊	百日草、矢车菊、美女樱、赛亚麻、凤仙花、石竹	石竹、半枝莲、翠菊、百日草、凤仙花、矢车菊、美女樱、红亚麻	石竹、凤仙花、翠菊、滨菊、百日草、半枝莲、美女樱	半枝莲、翠菊、百日草、矢车菊	半枝莲、翠菊、百日草	半枝莲、美女樱、凤仙花、百日草、矢车菊、美人蕉	半枝莲、百日草、二色金光菊

续表

季节	蓝色	紫色	粉色	白色	黄色	橙色	红色	混色
秋		鸡冠花、一串紫、石竹、大丽花	美女樱、葱兰、石竹、麦秆菊、松叶菊、大丽花	一串白、鸡冠花、滨菊、葱兰、大丽花	鸡冠花、麦秆菊、大丽花、美人蕉、万寿菊、孔雀草	鸡冠花、孔雀草、大丽花	鸡冠花、一串红、雁来红、美人蕉、大丽花	孔雀草、大丽花、美人蕉
冬							红凤菜	

四、果实的色彩

植物是具有生命力的景观元素，一年四季变幻无穷，这也是园林植物与其他造景元素最大的不同。苏轼的"一点黄金铸秋橘"正是描写植物果实的色彩效果，呈现出美妙的秋季色彩景观。

1.色彩分类

一些观果植物，其果实具有不同的颜色，见下表。

表2-7　结果类植物（部分）色彩分类表

颜色	代表植物
紫蓝色/黑色	女贞、十大功劳、八角金盘、刺楸、无患子、灯台树、稠李、樱花、珊瑚树、金银花等
红色/橘红色	冬青、南天竹、忍冬、山楂、枸骨、火棘、沙棘、瑞香、蛇莓等
白色	红瑞木、雪莲果等
黄色/橙色	银杏、木瓜、柑橘等

2.景观设计中的应用

自古观果植物在园林中就被广泛应用，如苏州拙政园的"待霜亭"取自唐代诗人韦应物的诗句"洞庭须待满林霜"，因洞庭产橘，待霜降后橘方变红，此处种植洞庭橘十余株，故得名。植物的果实大多为点块状色彩，颜色比较丰富，一些果实色彩鲜艳，且挂果时间长，具有很高的观赏价值，可作为深秋和冬季植物色彩配置的主题。另外，中国古典园林中很多植物因其果实而带有美好的寓意，如石榴寓意"多子多福"，枣寓意"早生贵子"，苹果寓意"平平安安"，柿子寓意"事事如意"，等等。

思考题

1. 有哪些诗句描绘了植物的色彩？试选取5句以上，尝试理解其场景氛围。

2. 如何理解植物的季相变化？在景观设计中如何应用植物的季相变化？

实践题

根据植物的枝干、叶、花、果实的色彩分类，试整理一份以红色为主的植物组团配置清单表，要求：场地为20m×20m的平地，其中草坪面积约100m²，乔、灌、草搭配种植，品种、层次丰富。

学习活动3　认识植物的味道与声音

码2-14

一、植物的味道

在植物配置过程中，我们会在一些场景中用到芳香植物。芳香植物是具有香味和可供提取芳香油的栽培植物和野生植物的总称，在园林场景中，适当的香味有助于场景氛围的营造。

1.香味分类

根据植物释放的香味浓淡不同，植物可分为浓香型芳香植物、清香型芳香植物和淡香型芳香植物。

表2-8　不同香型的植物品种（部分）

植物名称	植物香型	作用
金桂	浓香型	理气开窍，增进食欲，在景观中可营造香味主题
百里香	浓香型	可作为食用调料，健脾消食
迷迭香	浓香型	抗菌，可作为食用调料
茉莉	清香型	增强机体抵抗力，令人身心放松
栀子花	清香型	杀菌、消毒，令人愉悦
白玉兰	清香型	提神养性，杀菌、净化空气
薄荷	淡香型	杀菌、消除疲劳，增强记忆力并有助于儿童智力的发育

续表

植物名称	植物香型	作用
紫罗兰	淡香型	神清气爽
米兰	淡香型	提神健脾、净化空气

2.景观设计中的应用

（1）营造嗅觉美

芳香植物的价值主要表现在美化环境、营造嗅觉空间这两个方面，其打破传统点、线、面的植物配置模式，从嗅觉角度在空间上营造多重维度的景观效果，同时创造意境美。在植物设计中，合理运用植物的香味，能够增强游人的体验感。

在植物配置过程中，当空间半径小于 2m 时，建议使用清香型芳香植物；若空间半径大于 5m，可适当使用香味较浓的植物，但不宜集中大量种植，因为香味太浓会让人感到不适，发生头晕、胸闷等不适应的反应。

（2）营造文化意境

芳香植物在植物空间中起升华作用，使空间表达的感情升华成一种意境，使景观升华成一种情境， 满足空间中游人高层次的精神需求。拙政园的远香堂、雪香云蔚亭，分别以荷花和梅花作为主景。留园的闻木樨香轩、怡园的藕香榭、网师园的小山丛桂轩等名字都是来自其周围种植的芳香植物。这些建筑的命名与芳香植物的种植结合体现了造园者对植物香味如何传达园林营造意境的感悟。

二、植物的声音

1.借外力"发声"

一种声音源自植物的叶片——在风、雨、雪等的作用下发出声音。针叶树种最易"发声"，当风吹过针叶林，便会听到阵阵声音，有时如万马奔腾，有时似潺潺流水，所以会有"松涛""万壑松风"等景点题名。一些叶片较大的植物会产生音响效果，如拙政园的留听阁，因诗人李商隐《宿骆氏亭寄怀崔雍崔衮》中的诗句"秋阴不散霜飞晚，留得枯荷听雨声"而得名，这对荷叶产生的音响效果进行了形象的描述。再如"雨打芭蕉，清声悠远"，诗人白居易的

"隔窗知夜雨，芭蕉先有声"最合此时的情景。

2.吸引动物"发声"

另一种声音源自林中的动物，正所谓"蝉噪林愈静，鸟鸣山更幽"。植物为动物提供了生活空间，而这些动物又成为植物的"代言人"。要想创造这种效果，就不能单纯地研究植物的生活习性，还应了解植物与动物之间的关系，利用合理的植物配置为动物营造一个适宜的生活空间。比如在进行植物配置时，设计师可以选择能够吸引鸟类的植物或者蜜源植物，以吸引鸟类或者蝶、蜜蜂等昆虫，增强场景的趣味性。

表 2-9　引鸟植物（部分）

植物类型	植物种类
乔木	樟树、朴树、女贞、黄连木、乌桕、紫杉、罗汉松、杨梅、桑树、樱桃、无花果等
灌木	火棘、酸枣、九里香、十大功劳、黄杨、海桐、厚皮香等
藤本植物	爬山虎、山葡萄、野蔷薇等

表 2-10　蜜源植物（部分）

植物类型	植物种类
乔木	刺槐、椴树、桉树、黄桃等
灌木	荆条、野坝子等
草本花卉	薰衣草、紫云英、水苏、草木樨、麝香草等

思考题

从味道和声音的角度，试总结植物作为造景要素的优缺点。

学习活动 4 案例解析

针对游园植物配置方案，植物设计师罗列了部分以备选用的植物品种。

表 2-11 部分备选的乔木品种列表

序号	名称	规格 /CM			分枝点	数量	单位	花期	备注
		胸径	高度	冠幅					
1	黄葛树	80	1000~1200	1500~1800	/	5	株		生货
2	小叶榕 A	120	1000~1200	1000~1200	/	1	株		生货
3	小叶榕 B	80	800~900	600~700	/	5	株		生货
4	蓝花楹 A	30	1000~1200	600~700	离地 2.5m 以上	10	株	4~6 月	5 主分支以上、熟货、树形饱满、干直、树形优美
5	蓝花楹 B	25	900~1000	600~700	离地 2m 以上	37	株	4~6 月	5 主分支以上、熟货、树形饱满、干直、树形优美
6	金桂	20~25	500~600	450~500	离地 1.5~1.7m 以上	4	株	9~10 月	全冠、熟货、伞形、独干、树形优美
7	香樟	18~20	800~900	400~500	离地 4m 以上	18	株	4~5 月	5 主分支以上、实生苗、熟货、树形饱满、干直、树形优美
8	特选山杏	18~20	400~500	400~500	离地 0.8m 以上	3	株	3~4 月	5 主分支以上、实生苗、熟货、树形饱满、树形优美
9	特选李子树	15~18	350~400	350~400	离地 0.8m 以上	1	株	3~4 月	4 主分支以上、实生苗、熟货、树形饱满、树形优美
10	特选红梅	20	450~500	450~500	离地 1m 以上	2	株	1~2 月	4 主分支以上、实生苗、熟货、树形饱满、树形优美

11	特选海棠	15~18	400~500	400~500	离地1.5m以上	2	株	4—5月	4主分支以上，实生苗，熟货，树形开展，树型优美
12	红枫	12~14	350~400	300~400	离地1m以上	1	株	4—5月，春秋观叶	独干，树型优美，实生苗
13	丛生紫荆		250~300	250~300		5	株	3—4月	每枝4-6cm，至少5枝/丛，树型优美
14	丛生腊梅		250~300	250~300		4	株	12—1月	每枝8-10cm，至少4枝/丛，树型优美

表 2-12　部分备选的灌木及地被植物品种列表

序号	名称	规格/CM		密度	数量	单位	花期	备注
		高度	冠幅					
1	细叶棕竹	120~150	50~60	5	109	m²		盆苗，自然形态，选用生长旺盛植株，满植
2	春鹃	30~35	25~30	49	10	m²	3—4月	多年生木本，呈点粉红花，盆苗，自然形态，选用生长旺盛植株
3	大花栀子	40~45	35~40	49	57	m²	5—7月	多年生木本，白花，盆苗，自然形态，选用生长旺盛植株
4	毛叶丁香	60~70	45~50	16	872	m²	6—7月	多年生木本，白花，自然形态，选用生长旺盛植株
5	杜鹃花	30~35	25~30	64	20	m²	4—5月	多年生木本，呈点红花，盆苗，自然形态，选用生长旺盛植株
6	石竹	30~35	25~30	64	49	m²	5—6月	多年生草本，大红花，盆苗，自然形态，选用生长旺盛植株
7	艾珠兰	40~45	35~40	36	298	m²	6—8月	多年生草本，白花，盆苗，自然形态，选用生长旺盛植株
8	美女樱	35~40	35~40	64	296	m²	5—11月	多年生草本，多彩花，盆苗，自然形态，选用生长旺盛植株
9	麦冬	20	20	81	17	m²	5—8月	盆苗，自然形态，选用生长旺盛植株
10	草坪			满铺	500	m²		高羊茅(70%)，早熟禾(15%)，黑麦草(15%)混播，20g/m²，草皮铺种

任务三作业

码2-15

调研校园内不同特征的植物并完成调研表格。

活动名称：实施不同特征的园林植物品种调研。

调研时间：根据安排选择合适的时间。

调研地点：校园内。

调研内容：要求学生3人一组，调研校园内各种外形、质感、色彩、味道、声音的园林植物品种，根据书中罗列的各种外形，在校园内找到与之对应的植物品种，如在校园中找到与塔形对应的植物品种雪松、银杏。

成果要求：完成不同特征的植物调研表格。

备注：不同特征的植物调研表格请扫码获取。

任务四　设计植物景观方案

任务学习目标

通过对本任务的学习，学生应该达到以下目标。

1. 能够基于项目前期调研和现状分析，结合整体景观方案梳理植物景观方案设计思路。

2. 能理清植物景观方案设计逻辑。

3. 能手绘或用专业软件绘制植物设计平面立面图（剖面图/断面图）及效果图。

4. 能够编写植物景观方案设计说明。

学生职业素养能力表现为

1. 逻辑思维能力：能够逻辑严谨地整合各设计阶段素材和资料，并借助工具将其呈现出来。

2. 语言沟通和表达能力：能够做好面相各上、下游环节的沟通工作，也能清晰传递自己的想法。

3. 动手能力（绘图能力）：即手绘表达能力或专业软件制图能力。

4. 文字表达能力：能够利用文字阐述植物景观方案。

学习活动 1　绘制植物设计平面图

一、植物设计平面图的内容

植物设计的成果最终将通过图纸表达出来，由于前期概念阶段的表达方式多样，如抽象形式的空间表达、意向图参考以及其他呼应主题概念的表达方式，本书不做重点阐述。本书主要讲解方案设计阶段植物设计平面图的内容，该图旨在表达场地植物的整体空间关系、植物种植的疏密关系，展示植物搭配。图面表达需包括如下内容。

（1）植物设计平面图：基于场地景观空间布局，绘制植物的平面投影，并用图例区分植物的类型及品种。

（2）图名及比例、指北针、比例尺。

（2）图例表：包括序号、图例（图案）、图例名称以及备注。

二、植物设计平面图的表达

1996 年中国建筑工业出版社出版的图书《风景园林图例图示标准》中第三部分和第四部分，罗列了园林植物的形态图示，以规范植物设计平面图的表达。书中 3.6.1~3.6.14 规定，落叶乔、灌木均不填斜线，常绿乔、灌木加填 45 度细斜线；阔叶树的外围线用弧裂形或圆形线，针叶树的外围线用锯齿形或斜刺形线；乔木外形成圆形，灌木外形成不规则形；乔木图例中粗线小圆表示现有乔木，细小十字表示设计乔木；灌木图例中黑点表示种植位置。凡大片树林可省略图例中的小圆、小十字及黑点。

基于《风景园林图例图示标准》中植物表达图示的原则，在针对不同场景的植物表达中，可进一步丰富植物的表达图例，图 2-71 和图 2-72 中为一些结合具体植物品种设计的植物平面图例。

根据前期确定的植物景观空间结构、空间类型和种植形式以及选择的植物品种，将每个组团、每种植物以合理的方式反应到植物设计平面图中，如图 2-73 所示。

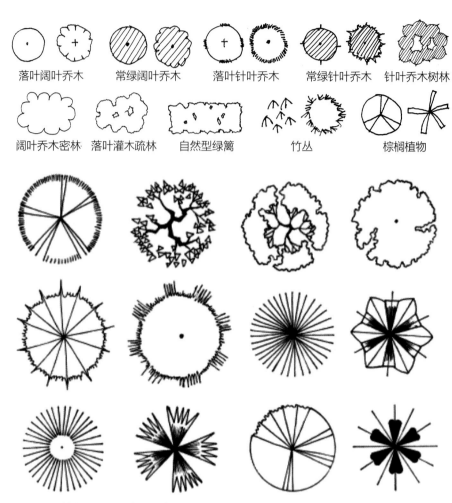

落叶阔叶乔木　常绿阔叶乔木　落叶针叶乔木　常绿针叶乔木　针叶乔木树林

阔叶乔木密林　落叶灌木疏林　自然型绿篱　竹丛　棕榈植物

图 2-71　树木平面图例（金煜《园林植物景观设计》）

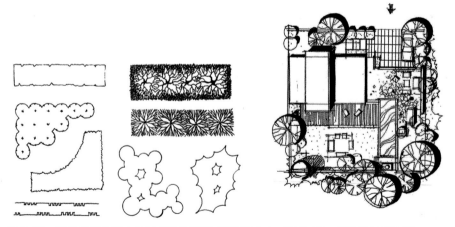

图 2-72　灌丛平面表现（金煜《园林植物景观设计》）　图 2-73　植物设计平面图

思考题

复述植物设计平面图的内容。

实践题

手绘《风景园林图例图示标准》中第三部分和第四部分的植物图例素材。

学习活动 2　绘制植物设计立面图（剖面图 / 断面图）

一、植物设计立面图（剖面图 / 断面图）的内容

植物设计平面图限定了植物的空间关系，确定了植物种植形式。基于不同的空间氛围以及周边环境的影响，要确定植物的天际线、组团的体量关系以及植物的形态特征，就需要利用植物设计立面图（剖面图 / 断面图）来表达。

植物的立面图是在与植物立面平行的投影面上所作的植物的正投影图。剖面图是假想用一个或多个垂直于水平地面的铅垂面，将场景剖开，所得的投影图。断面图是用假想的剖切面将场景切割开（按剖切符号所标注的位置），用正投影的方法，只将被剖切到的轮廓绘出剖切面，后面的部分不绘制出来，只表示部分构造情形及体量关系。

植物设计立面图（剖面图 / 断面图）通常需包括如下内容。

（1）根据平面方案绘制的植物立面图（剖面图 / 断面图）：植物的品种、数量、规格、特征及其与周边元素或环境的关系（呈现植物的立面效果）。

（2）索引符号：表达出立面图的视点关系，或者剖面图及断面图的剖切位置。

（3）适宜的配景：人物、车辆、园林小品等作为参照物，直观地表达空间和体量关系。

二、植物设计立面图（剖面图 / 断面图）的表达

在《风景园林图例图示标准》一书的第四部分，树木形态图示展示了各类植物的立面形态，并说明：树冠轮廓线，凡针叶树用锯齿形，凡阔叶树用弧裂形表示。

基于《风景园林图例图示标准》中植物表达图示的原则，在针对不同场景的植物表达中，应进一步丰富具体植物品种的立面图例。

在进行植物立面效果表达时，设计师往往根据场景和图面氛围表达需要，采用多样的方式呈现其立面效果，这并无既定的表达方式。以下图标就是采用真实的植物素材绘制的立面图，表达出真实的场景氛围。

另外，设计师将根据需要选择相应的方式来展示植物立面效果。立面图展示整体的立面空间关系（整体呈现视线内的立面效果），剖面图展示特定区域的高差及整体环境关系（仅呈现剖切线内的立面效果），断面图展示某一处具体的空间关系（仅呈现剖切线处的空间关系，不表现周边环境）。

立面图

断面图

剖面图

图 2-74　植物设计立面图、断面图、剖面图

主轴干侧分枝形　　无主轴干多枝形　　无主轴干丛生形

椭圆形　　　　垂枝形　　　　伞形

图 2-75　树木形态图例

香樟　　龙柏　　紫薇　　小叶桢楠

天竺桂　　垂柳　　黄葛兰

米兰　　侧柏　　垂枝榆

图 2-76　结合植物品种细化的植物图例

思考题

阐述植物立面表达中立面图、剖面图和断面图之间的区别。

实践题

在下图场景中同一处（A–A）位置"剖切"，自定比例，分别绘制其立面图、剖面图和断面图，看看它们的异同。

学习活动 3　绘制植物设计效果图

一、植物设计效果图的内容

与植物设计立面图不同，植物设计效果图呈现的是场景的整体效果，其也是最直观的方案表达手段。根据不同的场景表达需要，可选择一点透视、两点透视或三点透视效果图呈现其空间效果。

植物设计效果图通常需包括如下内容。

（1）根据平面、立面方案绘制的植物效果图：植物的种植形式、品种、数量、规格、特征（呈现植物的透视效果）。

（2）视线标注：标注视点位置。

（3）周边环境表达：包括园林场景中的其他景观元素、人物、车辆等。

二、植物设计效果图的表达

植物的立体表达，大多追求单株植物形态的真实感，同时也需要展现植物组团种植的真实场景感。可采用手绘或计算机制图。

针对手绘表达，其画面效果从写实到写意各有特点，如图 2-77 所示。

针对计算机制图，设计师通常采用真实的植物品种素材进行图面表达，以期还原真实的场景氛围，如图 2-78 所示。

图 2-77　植物设计手绘效果图（摘自 EDSA 作品）

图 2-78　植物设计 3D 渲染效果图

实践题

根据自己喜好，选择并临摹一张植物设计手绘效果图（需上色）。

学习活动 4　编制植物设计方案文本

码2-16

设计方案文本是设计成果的最终呈现方式，用于传递设计师的构思和设计逻辑，展示设计师的表达技巧，体现设计师的综合水平。在编制方案文本时，通常没有明确的内容规定，但植物设计方案文本至少须包含六个方面的内容。

（植物设计方案文本的参考文本请扫二维码获取）

一、封面、封底及目录

所有设计方案文本都须包含封面、封底及目录。封面可展示项目的基本信息，如项目名称、项目地点、设计时间、设计单位信息等。目录是对文本内容的汇总，并起到页码指引的作用。封底通常呼应封面，用于保护和美化文本。

二、项目概况

在项目概况中，设计师需要介绍项目的基本信息，让读者快速了解项目的位置、体量、相关建设方的信息、项目所在的建设阶段以及上位规划的相关情况描述等。

三、基地现状分析

将前文设计前期调研的内容按一定的逻辑呈现在基地现状分析中，包括基地的生态因子分析，具体包括光照、温度、水分和土壤条件。基地的环境条件，具体包括区位关系、周边环境、地形条件以及人文因素。

四、设计构思

结合项目的景观设计方案（植物设计方案常常属于景观设计方案的一部分，并编制在同一套文本中），延续景观设计的总体构思，确定植物景观空间的结构、植物的空间类型，并完成植物空间的组合设计，并将相应成果有条理地呈现在植物设计方案文本中。然后，结合景观设计方案布局确定植物总体种植形式后，要分别确定植物配置的种植形式。接着，设计师要合理选择具体的园林植物品种，以满足设计构思的要求。

五、设计成果

基于设计构思，设计师需完成相应的设计成果，包括绘制植物设计平面图、立面图（剖面图 / 断面图）和效果图。

六、项目概算

工程造价是所有工程项目实施的重要影响因素，因此，设计师在每个设计阶段都需要根据设计成果列出相应的造价。植物概算通常包含在景观总体概算中，一般以"单方造价 × 绿地面积"获取植物施工的造价概算。

思考题

无

实践题

无

学习活动5　案例解析

基于城市游园景观项目前期已确定的植物景观空间结构，以及备选的植物品种（该阶段主景树已基本确定），本阶段的任务是基于此空间结构（空间类型分布及空间序列图），融入植物配置方式、种植形式，合理选择植物品种，进行植物景观方案细化设计，主要包括：绘制植物设计平面图、立面图（剖面图 / 断面图）以及效果图。

以游园中心区域为例，其他区域同理。根据前文植物配置结构图，细化其具体品种，在进行图面表达时需参照其具体种植点位和树冠尺度比例，绘制其植物设计平面图如下。

说明：在每个设计阶段植物设计师都需要对本阶段之前的设计成果进行审查、分析、调整或优化。

植物设计平面图展示了植物的布局关系，在三维空间中，植物设计师通常还需要选择适当的位置借助立面图（剖面图、断面图）来表达其竖向关系，平面图结合立面图即可清晰表达各处空间的关系，绘制其植物立面图如下。

如今，计算机制图已普遍应用于各类设计中，在园林设计中，设计师通常

码2-17

基于DWG格式线稿，采用Sketch Up软件建模，导入Lumion进行渲染，其中包含大量植物和其他小品素材，能呈现出逼真且与未来实景完全契合的空间效果。利用Lumion渲染的植物效果图如下。

说明：Lumion在景观设计中十分常用，除了渲染效果图，还可生成动画，方便、快捷、直观，熟练使用Lumion是园林相关专业学生必备的技能。

图 2-79　游园植物设计平面图

图 2-80　游园植物 A-A 立面索引图

图 2-81　游园植物设计 A-A 立面图

图 2-82　游园植物设计效果图 1

图 2-83　游园植物设计效果图 2

任务四作业

绘制庭园植物设计方案成果。

活动名称：生成庭园植物设计方案并绘制方案图。

活动内容：要求学生 3 人一组，汇总、优化前期各自的植物空间分析成果，形成统一意见，并在此基础上生成庭园植物设计方案。

成果要求：绘制庭园植物设计平面图、3 张庭园植物设计立面图、3 张植物设计效果图。

备注：更多植物设计参考图请扫码获取。

项目三｜植物景观施工图设计

学习目标

通过学习本项目，学生应该具有绘制植物景观施工图的能力，具体表现如下。

1.能够与植物景观方案设计师良好沟通，并理解设计意图、准确解读植物景观设计方案。

2.知道并合理应用国家规范及行业标准对图纸的要求。

3.知道植物景观施工图表达的具体内容。

4.能够编写植物景观施工图设计说明。

5.能绘制全套植物景观施工图，包括设计地形图、乔木种植图、灌木种植图、地被植物种植图、放线网格图、绿化施工详图和植物统计表。

6.编排全套施工图，为图纸设置目录及封面。

7.能设置植物景观施工图打印线型要求。

任务一　植物景观施工图绘制准备工作

任务学习目标

通过对本任务的学习，学生应该达到以下目标。

1.能够基于景观设计方案梳理植物景观施工图的设计要求。

2.能够应用国家规范及行业标准对植物景观施工图的绘制要求。

3.知道植物景观施工图的内容及要求。

职业素养

1.良好的沟通和语言表达能力：能够与植物景观方案设计师良好沟通，并在施工图设计阶段准确延续方案设计阶段的设计意图。

2.团队协作能力：施工图绘制往往由多人共同完成，这就需要团队成员之间相互协作、组织有序。

3.理解能力和文字表达能力：理解植物景观设计方案、国家规范及行业标准的内容以及施工图对内容的具体要求，并能整理施工图的文字说明。

学习活动1 认识施工图制作标准

码3-1

一、国家规范

园林景观施工图的内容涉及《公园设计规范》《城市居住区规划设计规范》《城市园林绿化工程施工及验收规范》《水泥混凝土路面施工及验收规范》《沥青路面施工及验收规范》《城市道路工程设计规范》《建筑结构荷载规范》《混凝土结构设计规范》《钢结构设计规范》《砌体结构设计规范》《木结构设计规范》《冻土地区建筑地基基础设计规范》等，其中《城市居住区规划设计规范》《公园设计规范》《城市园林绿化工程施工及验收规范》等包含对植物设计（绿化设计）的明确要求，在进行特定场景的植物设计时，需参照相应的国家规范。

二、行业标准

园林景观施工图（含植物施工图）的绘制标准参照《风景园林制图标准》（CJJ/T67-2015），其中未尽之处，参照相关规定以及各有关专业的制图标准。本标准的主要技术内容是：总则、基本规定、风景园林规划制图、风景园林设计制图以及用词说明等5个方面的内容，每个方面均有详细要求。

图 3-1 《公园设计规范》封面

图 3-2 《风景园林制图标准》封面

在绘制施工图前，设计师需要根据项目性质，查找相应规范和标准中对此类园林景观的设计要求并做好记录，作为施工图设计和绘制的依据。

实践题

1. 查阅《公园设计规范》《城市居住区规划设计规范》，并通读一遍，摘录其中对于植物设计（绿化设计）的要求。

2. 查阅《风景园林制图标准》并摘录其中对于园林植物施工图绘制的要求。

学习活动2　认识施工图内容

植物景观施工图具体内容包括：封面、目录、植物专项设计说明（含项目概况）、植物施工图总平面图、放线网格图、乔木施工图、灌木（及球类）施工图、地被植物施工图、绿化施工详图、地形设计图以及植物统计表。

（1）封面。按图纸装订大小设计封面，并注明项目相关信息及图纸内容信息。

（2）目录。罗列本套图纸的全部内容清单，并为每页图纸编排相应页码，注明图纸大小，目录通常以表格形式表达。

（3）植物专项设计说明。这通常包括设计依据、设计范围、植物设计构思、土方施工（地形要求）、苗木选型要求、植物材料验收标准、植物种植穴开挖标准、种植要求、支柱（支撑）规格标准、后期管理及抚育标准、其他注意事项。

（4）植物施工图总平面图。这是指项目内所有植物点位的叠加总图，包含乔木、灌木及地被植物。

（5）放线网格图。为便于施工放线，设定放线基准点，绘制放线网格图，通常以5~10m为单位绘制方格网（方格网边长根据场地大小及具体植物方案而定）。

（6）乔木施工图。项目内所有乔木的点位图，并对每株乔木的品种及规格进行标注（或统计于植物统计表中）。

（7）灌木（及球类）施工图。项目内所有灌木的点位图，并对每株灌木的品种及规格进行标注（或统计于植物统计表中）。

（8）地被植物施工图。项目内所有地被植物的点位图（区域图），并对每种地被植物的品种及规格进行标注（或统计于植物统计表中）。

图3-3 施工蓝图（项目各专业图纸单独装订成册）

（9）绿化施工详图。乔木、灌木及地被植物的种植详图（含植物的种植穴剖面图）以及项目内涉及的各种种植形式的种植详图，另外，还需添加相应品种的特殊种植要求。

（10）植物统计表。乔木统计表包含序号、图例、名称、拉丁名、规格（杆径、高度、冠幅、分枝点高）、数量、单位及备注，灌木统计表包括序号、图例、名称、拉丁名、规格（高度、冠幅）、数量、单位及备注，地被植物统计表包括序号、图例、名称、拉丁名、规格（高度、冠幅）、数量（密度/面积）、单位及备注。

思考题

在绘制植物施工图前，植物施工图设计师需要与同项目的土建施工图设计师和水电施工图设计师充分交流，请你整理出与他们的交流要点。

学习活动 3　编写施工图设计说明

一、设计说明的作用

设计说明是整套图纸的设计大纲和设计指导，阐述在施工图纸上应该注意的规范内容及无法用线型或者符号表示的部分，进一步表达审查要点、应对措施及规定设计界面等，其主要作用如下。

（1）对设计图纸的注释。设计说明包含诸多重要信息，设计师应通过设计说明把各类与设计图纸相关的信息传递给接收者，如设计图纸的总体要求、内容构成以及各部分内容之间的联系等。

（2）指导施工。设计图纸、植物统计表等未必能充分表达设计对象，因此，施工、监理单位容易对设计文件产生困惑，而设计说明中的内容则可以针对图纸、植物统计表未能充分表达的内容进行重点解释。

（3）回应审查。设计成果须经过相关机构的审查，这些审查既来自建设单位，也来自各类审批、咨询机构。设计说明应向这些机构申明，设计文件中对他们关注的问题是如何处理的，设计依据是什么，解决措施是什么等等。

（4）设计师免责。设计师对设计文件需要负法律责任和合同责任。设计师对应该承担的责任，不能回避；对不应该承担的责任，应在设计文件中加以申明。

（5）辅助设计师完善文件。因设计师的经历、设计能力不尽相同，同时大多设计机构均采用协同化、模块化、标准化的工作模式，工程设计往往由不同的设计师或团队完成，所以设计说明必须对设计的各部分起到统筹、指引、协助、备忘、完善的作用。设计师通过通读设计说明，可根据工程实际情况对相关内容进行对应的增补、删除、修改。

二、设计说明的内容

（1）设计依据。明确参照的相应国家规范、行业标准及建设方的相关要求。

（2）设计范围。阐述本图纸包含的地块范围、工作界面及设计内容。

（3）植物设计构思。说明植物设计总体思路、各区域设计思路、设计原则、设计策略等。

（4）土方施工（地形要求）。说明对土壤（相应参数）的要求、各区域回填厚度的要求以及堆坡造型的技术要求。

（5）苗木选型要求。分别说明对乔木、灌木及地被植物的选型标准。

（6）植物材料验收标准。从植物规格、生长健康情况、树型、土球尺寸及包裹规范度等方面说明验收标准。

（7）植物种植穴开挖标准。说明对植物种植穴的深度、宽度要求，以及种植植物时对种植穴回填土的要求。

（8）种植要求。分别说明对乔木、灌木和地被植物以及采取各种不同种植形式的植物群落的整个种植过程的详细要求。

（9）支柱（支撑）规格标准。明确植物的支撑方式、材料及细节要求。

（10）后期管理及抚育标准。说明整体植物养护要求及特殊区域、特殊品种的专项养护要求。

（11）其他注意事项。项目相关的补充说明。

试论述植物施工图设计说明与植物施工图设计师职责之间的关系。

学习活动 4　案例解析

本阶段植物施工图设计师需要将城市游园项目植物景观方案细化为施工图，用作现场施工的依据，其中"设计说明"对项目的图纸及施工提出要求如下。

1.设计依据

（1）建设单位提供的地形图以及相关的测量数据。

（2）建设单位拟定的方案以及相关的修改意见。

（3）现有地形的实际状况及设计产生的地形。

（4）国家以及当地现行的园林行业标准《城市绿地设计规范》（GB 50420—2007）、《园林绿化工程施工及验收规范》（CJJ 82—2012）、《公园设计规范》（GB 51192—2016）。

2.设计范围

红线范围以内的部分。

3.植物设计构思

设计构思：植物与建筑空间布局有机结合，空间类型不同，植物效果也不同。

入口：点景乔木、体块灌木或时令花卉，简洁、大气。

景观主干道：背景群落、乔木点景，干净草坪，搭配丰富灌木和花卉，简洁而丰富，精致而统一。

入户巷道：多层次植物搭配，精致而富有韵律。

节点、场所：多层次搭配，营造近人尺度的植物景观。

4.绿化栽植前土方施工

（1）本次施工图设计中的外进土壤均为适宜植物正常生长的种植土，不含建筑垃圾、杂草根、淤泥和碎石，加入的有机质不少于总土量的1/4，土方工程尽量就近平衡、减少工程开支。

（2）整地应按规范和设计要求及现场实际情况进行，栽植地范围土壤瘠薄处普遍换填种植土，所需种植土进行人工配置，其中：砂壤土占70%，天然泥炭土占 30%，并添加油饼作底肥，厚度为 10cm。

（3）进场后按计划进度做好清场工作，清除垃圾，对施工范围进行遮拦、隔离，石块垃圾及各种废弃物料集中深埋。同时，对种植层以下的土层进行深翻，使土壤疏松、平整，为下一步工序打好基础。

（4）初步地形造好后为了使绿化更具立体感、层次感，以及利于地形排水畅通，严格按照施工规范进行人工改造，保证地形饱满，轮廓线自然，不积水。同时考虑到下雨和浇水后地面沉降的因素，所以标高均应超出设计标高约 15cm，待沉降后达到设计标高。

（5）土壤造型要求如下。首先对土壤进行粗整，清除土壤中的碎石、杂物等。在填土量大的地方，应该每填 30cm 就要碾压，以加速夯实。适宜的地表排水坡度大约是 2%，由于表土重新填上后，地基面必须要符合最终设计地形，因此，一定要有地形高度标记和需土量的木柱标记，一般要求地形之上至少需要有 15cm 厚的覆土。然后，要让土壤充分夯实，大量灌水是加速土壤夯实的好方法。碾压也可以使地面平整、均匀一致，在开始种植前必须要进一步整平，与耕作一样，要在适宜的土壤水分范围内进行，以保证良好的效果。细整一般是在栽植之前进行。

（6）大乔木覆土厚度为 120cm 以上，小乔木覆土厚度为 90cm 以上，灌木覆土厚度为 40cm 以上，草坪覆土厚度为 20cm 以上。

（7）大苗土球要求，根据土壤的密实度确定土球直径，通常来讲，土球直径是植物胸径的 6~8 倍土球厚度一般为土球直径的 2/3。

5.苗木选型要求

（1）严格按苗木表中的规格购苗，选择生长势强、枝叶繁茂、冠形完整、色泽正常、根系发达、无病虫害、形态优美的苗木，工程骨架树是体现景观效果的主要树种，选购时一定要参考规格的上限标准。

（2）苗木表中所规定的冠幅是指乔木修剪小枝后的冠幅，而灌木的冠幅尺寸是指叶的丰满部分，只伸出外面的两三个单枝不在冠幅所指之内。大苗移植尽量减少截枝量，严禁出现没枝的单干乔木，乔木分枝不少于 5 级，树型特殊的树种，分枝必须有 4 级以上。

（3）乔木类苗木：具主轴的应有主干、主枝分布均匀；做行道树的阔叶乔木分枝点高应相对一致，具有 3~5 个主枝，分支点高不小于 2.5m；针叶乔木则应具主轴，有主梢，常绿乔木应带土球栽植、土球直径应为基径的 6-8 倍，土球厚度应为土球直径的 2/3 以上。

（4）灌木类苗木：丛生型灌木要求灌丛丰满、主侧枝分布均匀、主枝数不少于 5 个，至少有 3 个以上高达到规定标准；匍匐型灌木要求至少有 3 个主枝达到规定标准长度；蔓生苗木应分枝均匀、主一枝数在 5 个以上、主条径在 1cm 以上；单干型灌木要求具主干、分枝均匀，基径在 2cm 以上；绿篱用灌木要求灌丛丰满、分枝均匀，干下部枝叶无光秃、老化现象，苗龄 2 年以上。

（5）藤本类苗木：小藤本分枝不少于 2 级，主蔓径在 0.3cm 以上；大藤本分枝不少于 3 级，主蔓径在 1cm 以上。

（6）竹类苗木：母竹为 2~4 年苗龄，竹鞭芽 5 盘叶以上；散生竹要求大中型苗木具有 1 至 2 枝竹杆，小型苗木具有 3 枝以上竹杆；丛生竹要求每丛具有 3 枝以上竹杆；混生竹要求每丛至少有 8 至 10 枝竹杆。

6.植物材料验收标准

植物材料使用前，均应经甲方检验认可，不合格者应随时运离，不得留置现场，若有下列情形者，不得使用。

（1）不符合设计规格尺寸者。

（2）有显著病虫害、折枝折干、裂干、肥害、药害、老衰、老化、树皮破伤者。

（3）树形不端正、干过于弯曲，树冠过于稀疏、偏斜及畸形者。

（4）挖取后搁置过久，根部干涸、叶芽枯萎或掉落者。

（5）护根土球不够大、破裂、松散不完整，或偏斜者。

（6）灌木分枝过少，枝叶不茂盛者。

（7）树干上附有有害寄生植物者。

7.植物种植穴开挖标准

（1）乔木种植穴位置对应植物配置图中标注的位置，可根据实地情况调整株距。

（2）种植穴应按土球四周及底部平均预留 10~20cm 宽度的标准开挖，以便回填客土，原土为土质优良者方可回填。

（3）种植穴客土应为含有机质的砂质壤土，其他均不得使用。

（4）客土和规定回填种植穴内的砂质壤土，应拣除石砾、水泥块、砖块及其他有害杂质才可以使用，加入的有机质应不少于总土量的 1/4。

（5）挖树穴。树穴一般要求大于土球直径 20~40cm，挖掘深度大于土球厚度 10~20cm。要求树穴上口直径与穴底直径基本相同，为坑壁垂直形，要求覆 20cm 厚的有机肥。栽植深度要符合生长要求，土球表面应低于土平面 10~20cm。

8.种植工程

（1）选购符合设计要求、无病虫害的树苗是确保工程质量的前提，特别是本工程骨架树种是体现景观效果的主要树种，选购时尽量要达到规格的上限标准。

（2）种植时，要去除根部包扎的草绳。回填土时，要分层夯实，使回填土与根部紧密结合，有利于根部生长。填土至 2/3 时，围堰浇足水，第二天再补一次水后，覆土整平，转入正常养护。

（3）起挖、运输、种植的时间控制在 24 小时内，运输过程中用油布遮盖，适当喷水保湿。

（4）苗木起苗出圃和运输应按照规范要求带土团及进行保护处理，所用植物材料必须按《园林绿化木本苗》（CJ/T24—2018）执行。

（5）种植灌木，放样严格按设计要求进行定点。对于喜酸性土壤植物种植，换入山泥或者使用微酸性人工介质改良土壤。

（6）绿化施工时，苗木购置、掘苗、包装、运输、定植及修剪应按《园林绿化工程施工及验收规范》(CJJT 82—2012) 执行。

（7）灌木种植完毕后，浇水、修剪、整形，达到一次成型的设计效果。

（8）草坪铺设前，平整要仔细，并进行滚压和耙拉，使土面平滑流畅。

（9）种植步骤由高至低，为先乔木，次灌木，后地被植物。

（10）定点放线时，乔灌木与建构筑物、地下管线等最小水平距离按《公园设计规范》（CJ48-92）中附录二、附录三执行。

（11）种植时添加的油饼应充分腐熟，全层施肥，即在耕地前将肥料均匀地撒在地面，在翻耕过程中，肥料埋入耕作层中，与泥土混匀，防止烧根；在挖穴栽植时，如有油饼块应拣出埋于离苗木根部较远处，油饼每亩用量 70 公斤。

（12）结合地形的起伏变化，注意植物栽植的疏密关系，力求达到最佳的观赏效果，树木定向应选择树冠完整、丰满的一面朝向主要视线；树的高矮和冠幅的大小要搭配均匀合理，栽植深浅合适。

（13）规则式种植的乔灌木，同一树种规格大小应统一。丛植和群植乔灌木应高低错落。分层种植的花带，边缘轮廓种植密度应大于规定密度，平面线型应流畅，边缘呈弧形，层次分明，且其与周边点缀植物的高度差不少于 30cm。

（14）灌木与草坪种植的交接处应留 3~5cm 的浅凹槽，以便灌木的排水与后期的维护与管理。栽植绿篱，株行距要均匀，丰满的一面要向外；地被苗木定植后应做到不裸露地面。

（15）草皮移植平整度误差小于 1cm。

（16）由于现场地形的变化和多样性，植物栽植量与植物表中的数量有差额，应以现场实际用量为准。植物表中的灌木每平方米栽植株数为参考量，应以现场实际栽植样本为准。

（17）在渗透性差的地方要注意植物的排水处理。

（18）栽植车库顶大乔木时，要对栽植处进行特殊处理，以防止植物根系破坏其防水层。

（19）植物栽植应在植物施工图的基本要求和原则下灵活变化，根据实际情况（如栽植季节影响），做出相应的调整，以达到最佳观赏效果。

9.支柱规格标准

（1）支柱宜于定植时同时设立，植妥后再加柱，将其固定。

（2）坡地栽植，应注意雨水排除方向，以避免冲失根部土壤。

（3）杉木桩长至少应为2m，并应剥皮清洁后刷桐油防腐。

（4）粗头削尖打入土中，将其固牢，打入土中深度应在20cm以上，并应在挖掘30cm后用木槌捶入。

（5）支柱应为新品，有腐蚀折痕弯曲及过分裂劈者不得使用。

（6）支柱与水平撑材间应用铁钉固定，后用铁丝捆牢。

（7）支柱贴树干部位加衬垫后用细麻绳或细标绳紧固并打结，以免动摇。

10.后期管理、保护、抚育标准

（1）树木花草保养保护期，自全部种植工程完工检验合格起算12个月，而补植部分自复检合格日起算12个月。

（2）施工方应负责保护保养管理等一切工作，包括平时浇水、排水、预防人畜危害和风害、病虫害防治、修剪中耕除草等，浇水次数视树种及天气而定，除非下雨，否则应在栽植后一周内每天浇水一次，第二周约二天一次，第三周一至二次，对于个别植株，视土壤湿度而定。追肥须在栽植成活后60天方可施行，化学肥料则须在栽植成活后3个月施用，同时施工方按植物习性决定肥料的种类及用量。如发现树木动摇或倾斜时，随时扶正踏实，重新固定支柱，捆扎用麻绳松脱时应随时重新捆紧，腐烂部分则应更新。

（3）定期查验：树木每月、草花每旬查验一次，并应做查验记录。半枯无养活希望者，应立即补植。草本花卉因带土或管理不良呈半枯萎状态影响开花时，必须按照业主、顾问机构指示随时换植。

（4）施工方应在种植工程完工验收后半年内按原设计植物及其所定规格负无偿补植换植责任。

（5）完工检验时发现不符要求者，应立即更换。查验时发现稍端枯萎，有严重病虫害、折害等无复原希望者应立即更换，发现枯死植株应立即更换。

11.其他注意事项

严格按照其他现行国家和地区的有关规范和条例规范操作。

在阅读该植物图的同时应仔细查看园建和水电施工图，以便使三方面密切配合，达到更好的效果。

12.消防要求

消防通道和扑救面的所有乔木是为保证开放时的景观效果而临时栽植的，务必得到建筑师确认及书面许可后方可实施，且后期须进行移植。

码3-2

任务一作业

编写植物施工图设计说明。

活动名称：编写植物施工图设计说明。

活动内容：参照案例解析，充分结合庭园项目植物方案，编写庭园植物施工图设计说明。

成果要求：完成不少于1000字的庭园植物施工图设计说明。

备注：植物施工图设计说明（参考用）请扫码获取。

任务二　绘制植物施工图

任务学习目标

通过对本任务的学习，学生应该达到以下目标。

1.绘制全套植物景观施工图，包括设计地形图、乔木种植图、灌木种植图、地被植物种植图、放线网格图、绿化施工详图和植物统计表。

2.编排全套施工图，为图纸设置目录及封面。

3.设置植物景观施工图打印线型要求。

学生职业素养能力表现为

1.绘图能力：能够按国家规范及行业标准要求绘制全套植物景观施工图。

2.文字表达能力：能够编写设计说明并对施工图的内容准确提出要求。

3.语言沟通及团队协作能力：能够与团队成员及合作方良好沟通，并能按时保质保量完成工作任务。

4.逻辑思维能力：能够逻辑严谨地编排全套施工图。

学习活动 1　绘制设计地形图

在园林植物施工的从业者中流传着一句经验之谈"地形合适，植物种植就已成功一半"，可见地形对于植物施工的重要性，植物施工图设计的首要任务就是绘制设计地形图。

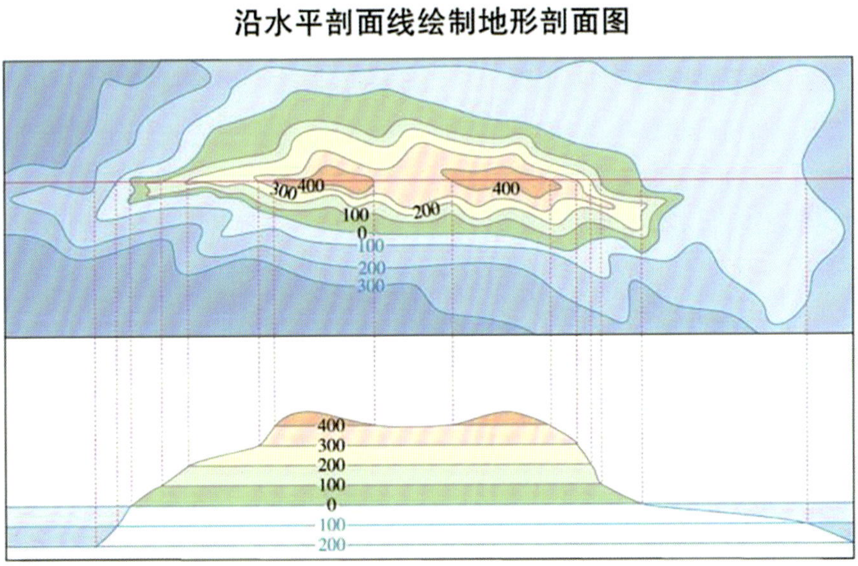

图 3-4　设计地形图及其剖面图

结合整体景观方案，"先分析、后游走、再绘图"，即全面分析各个场景的氛围以及各场景之间的关系，将自己置身其中反复"游走"，体会各处场景的绿化地形需求，然后通过绘制地形图（通常采用等高线法）固化场景的土方造型，该图直接影响土方工程量。

思考题

复习地形图中各种地形、地貌的表达方法。

实践题

尝试做一处尺度为 50m×50m 的场景地形设计（假想是 3m 高绿篱围合的封闭空间），供儿童玩耍，需包含一条人行步道（穿行其中）、至少 3 处土丘，用地形图表达出来。

学习活动2　绘制植物种植图

在植物景观空间设计、植物种植形式及品种选择的基础上，结合整体景观方案（风格、空间布局、场景氛围等），以植物配置方法为指导，绘制植物种植图（通常采用天正建筑8.0进行绘制，下同）。

1.绘制乔木种植图

设计师通常按"植物种植由面到点""植物规格由大及小""植物品种由通用到特型"的顺序绘制乔木施工图。绘制时根据植物实际规格大小将乔木图例按比例放置到相应点位，注明乔木的品种、规格及数量，一是保证后期清晰读图，二是便于准确无误地将其计入植物统计表。

2.绘制灌木种植图

灌木种植图的绘制方法、顺序均与乔木种植图类似，灌木通常围绕乔木呈组团式种植，绘制时需避免和乔木点位重复，所以绘制灌木时需要同时保证乔木图层保持"打开"的状态（含标注）。

灌木的品种往往较丰富，为保证图面整洁，选择灌木图例时需要避免选用差异过大的图案，同时需要合理排布标注信息，避免文字重叠导致信息显示不全。

3.绘制地被植物种植图

地被植物通常成片种植，所以地被植物不同于乔木和灌木，不需要明确每株植物的点位，而是采用划定种植范围（明确种植边界）和明确种植密度的方式来控制种植效果。

因此，地被植物种植边界线就显得尤为重要。边界线通常包括规则式（直线）、自然式（弧形）以及混合式，尤其是自然式弧形边界线的绘制，其整体流畅度、凹凸关系、节奏感等都会对地被植物种植效果产生直接的影响，并进而影响植物的整体种植效果。在绘制地被植物种植边界线时，需要将其与周边环境融为一体，并随时以空间整体视角来审视其合理性。在标注信息时同样也需要避免重叠，所以绘制地被植物时需要同时保证乔木、灌木图层保持"打开"的状态（含标注）。

4.绘制放线网格图

放线网格图是植物施工时的放线依据，因此需要精准表达，通常是以固定不变的建筑物或构筑物一角或者市政坐标点为起点，绘制边长为5~10m的方格网（具体方格网边长需根据场景尺度及设计方案而定）。起点即为现场放线的坐标原点，以此来控制植物点位。

实践题

　　绘制一处位于美术馆，被建筑围绕的 30m×30m 的方形草坪空间的植物施工图该区域全部用于打造植物景观，禁止游客进入。要求在场地中心处设置主题性的植物组团，组团四周不遮挡视线，区域内包含乔木、灌木、地被植。其建筑氛围参考下图（朱铭美术馆）。

学习活动 3　绘制植物种植详图

　　针对图纸中的乔木、灌木、地被植物分别绘制种植详图，用于指导植物种植施工，设计师常通过植物种植穴的剖面图来表达通用种植要求。另外，针对图纸中某些特定品种的特殊要求，也需要结合图纸补充说明。

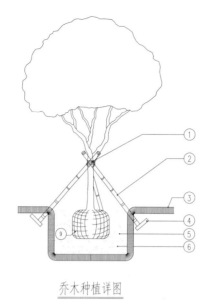

1、橡胶圈固定支撑于树干上

2、支撑毛竹杆或杉木杆

3、泥土层面

4、固桩砖

5、种植回填混合土

6、手工压紧的回填混合土以支撑根球

乔木种植详图

图3-5 植物种植详图（通用要求）

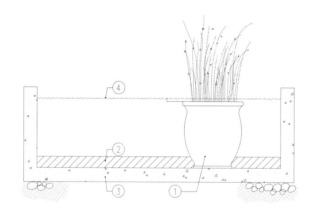

1、盆罐种植容器

2、水源过滤系统

3、水池结构层

4、水平面

盆罐植物种植详图

图3-6 植物种植详图（特殊要求）

实践题

　　尝试将如下描述在CAD图纸中表达出来：挖树穴，树穴直径一般要求大于土球直径20~40cm，挖掘深度大于土球厚度10~20cm，要求树穴上口直径与穴底直径基本相同，树穴为坑壁垂直形，要求覆20cm厚的有机肥，栽植深度要符合生长要求，土球表面应低于土平面10~20cm。

学习活动 4　植物统计表

分别将图纸中的乔木、灌木及地被植物编排至植物统计表。

乔木统计表包含序号、图例、名称、拉丁名、规格（杆径、高度、冠幅、分枝点高）、数量、单位及备注。拉丁名具有唯一性，可避免一些植物俗名带来的误解，备注中可补充说明植物的使用部位、选型要求等。

灌木统计表包括序号、图例、名称、拉丁名、规格（高度、冠幅）、数量、单位及备注。丛生型灌木需注明其根数（如一丛 8 根以上），球类灌木需注明规格为修剪成型后的数据，以避免验收误差。其他品种如有特殊要求，均在备注中进行补充说明。

地被植物统计表包括序号、图例、名称、拉丁名、数量（密度 / 面积）、单位及备注。地被植物也需要备注规格为修剪成型后的数据，草坪需明确具体的草坪草品种以及其为普通草皮还是草卷。其他品种如有特殊要求，均在备注中进行补充说明。

乔灌数量统计表

序号	图例	名称	拉丁名	胸（地）径	高度	冠幅	枝下高	数量	单位	备注
1		本地石楠A	Photinia serrulata	15-16	5-6	4-4.5	1	32	株	散状，全冠，树冠圆整，枝叶茂密
2		本地石楠B	Photinia serrulata	12	3.5-4	3.5-4	0.5	13	株	散状，全冠，树冠圆整，枝叶茂密
3		白蜡A	Fraxinus chinensis	15	5-6	3.5-4	2	97	株	全冠，保留4级以上主枝及适量叶片，树形端正
4		白蜡B	Fraxinus chinensis	12	5	3-3.5	1.5	36	株	全冠，保留4级以上主枝及适量叶片，树形端正
5		朴树	Celtis sinesis Pers.	15	6-7	3.5-4	2	48	株	全冠，保留4级以上主枝及适量叶片，树形端正
6		丛生茶条槭	Acer ginnala	—	7-8	4-4.5	2	11	株	全冠，枝叶细密，每株主分枝不少于5枝
7		国槐	Sophora japonica	12	5-6	3-3.5	2	96	株	全冠，保留4级以上主枝及适量叶片，树形端正
8		臭椿	Toona sinensis（A. Juss.）	15	6-7	3.5-4	2	10	株	全冠，保留4级以上主枝及适量叶片，树形端正
9		丛生栾树	Koelreuteria paniculata	单枝15	8-9	5-5.5	—	11	株	全冠，偏整向形态，4-5枝为一丛，低分枝笼状树形
10		丛生朴树A	Celtis sinesis Pers.	单枝15-17	9-10	6-6.5	基部分枝	2	株	全冠，枝叶细密，单株分枝不得少于5枝
11		金叶榆	Ulmus parvifolia	15	5-6	3.5-4	1.5	10	株	全冠，保留4级以上主枝及适量叶片，树形端正
12		丛生紫薇	Lagerstroe miaindica	地径15	3.5-4	3-3.5	—	7	株	全冠，枝叶细密，每株主分枝不少于5枝
13		丛生紫薇A	Lagerstroe miaindica	3-5	2.5-3	2-2.5	—	34	株	全冠，干径为单枝基径，单株分枝不得少于3枝
14		低分枝紫薇	Lagerstroe miaindica	—	3-3.5	3-3.5	0.5	10	株	全冠，枝叶茂密，主分枝数多于5枝
15		丛生紫荆	Sophora pendula	—	2.5-3	2.5-3	—	10	株	全冠，低分枝笼状树形，枝叶细密
16		西府海棠	Malus halliana Koehne	12	3-3.5	3-3.5	0.5	19	株	全冠，枝叶细密，主分枝多于5枝
17		碧桃A	Prunus persica Batsch. var.	15	4-4.5	4-4.5	0.5	31	株	全冠，枝条开展，以冠幅为苗木选择标准
18		碧桃B	Prunus persica Batsch. var.	10	3.5-4	3-3.5	0.5	11	株	全冠，枝条开展，以冠幅为苗木选择标准
19		鸡爪槭	Acer palmatum Thunb	12	3-3.5	3-3.5	0.5	5	株	全冠，枝叶茂密，细致完整
20		北美海棠	Malus spectabilis var.	10	3-3.5	3-3.5	0.5	2	株	全冠，低分枝笼状树形，枝叶细密
21		石榴	Punica granatum Linn.	15	3-3.5	3-3.5	0.5	10	株	全冠，低分枝笼状树形，枝叶细密
22		红叶李	Prunus cerasifera Ehrh.	15	4-4.5	3.5-4	0.5	14	株	全冠，低分枝笼状树形，枝叶细密
23		绚丽海棠	Malus halliana Koehne	13-15	3.5-4	3.5-4	0.5	10	株	全冠，基部平地分枝，枝叶饱满，主分枝数6-8枝
24		樱花	Prunus serrulata	15	4.5-5	4-4.5	1.5	12	株	全冠，枝条开展，以冠幅为苗木标准

图 3-7　某项目乔木统计表

灌木地被植物面积表

序号	名称	拉丁名	高度(m)	冠幅(m)	密度	面积	单位	备注
1	大叶黄杨	Rhododendron	0.3	0.2-0.3	36株/m²	873	m²	修剪绿篱，选用生长旺盛植株
2	平枝栒子	Rhododendron indicum	0.3	0.2-0.3	36株/m²	842	m²	修剪绿篱，选用生长旺盛植株
3	金森女贞	Ilex crenata cv. Convexa Makino	0.3-0.4	0.3-0.4	36株/m²	993	m²	修整绿篱，选用生长旺盛植株
4	雀舌黄杨	Serissa foetide（L. f.）Comm.	0.2-0.3	0.2-0.3	36株/m²	623	m²	修整绿篱，选用生长旺盛植株
5	瓜子黄杨	Buxus sinica	0.2-0.3	0.2-0.3	36株/m²	1236	m²	修整绿篱，选用生长旺盛植株
6	红叶小檗	Nephrolepis auriculata	0.3-0.4	0.3-0.4	36株/m²	135	m²	自然形态，选用生长旺盛植株
7	珍珠梅	Ligustrum X vicaryi	0.4-0.5	0.3-0.4	36株/m²	841	m²	修整绿篱，选用生长旺盛植株
8	红叶石楠	Photinia X fraseri 'Red robin'	0.5-0.6	0.4-0.5	25株/m²	1207	m²	修整绿篱，选用生长旺盛植株
9	金边黄杨	Fatsia japonica	0.3-0.4	0.3-0.4	25株/m²	142	m²	自然形态，选用生长旺盛植株
10	红瑞木	Rhapis humilis	1.2-1.5	0.6-0.8	3株/ m²	219	m²	自然形态，选用生长旺盛植株
11	高羊茅	Zoysia japonica	—	—		12103	m²	自然形态，选用生长旺盛植株

图 3-8　某项目灌木、地被植物统计表

思考题

查阅资料，阐述在植物统计列统计中添加拉丁名的理由。

学习活动5　案例解析

一个园林项目推进到施工图制作阶段时，项目组通常会再次进行评议，从而最终确定植物的种植形式。城市游园项目在进行植物施工图绘制前也进行了植物空间关系的调整，以下逐一呈现游园项目植物施工图的内容。

通常图纸目录和施工图设计说明需分页排版，由于本项目图纸量较少，排版时将其合而为一。

植物配置图中包含所有植物（乔木、灌木、藤本植物、地被植物及草本花卉）的布置点位，由于展示了各个层次的植物，图面往往较凌乱。该图的主要目的是展现项目整体的植物空间关系以及各个层次植物具体的配置方式。

乔木种植图仅呈现项目中乔木的点位。

乔木种植网格图的目的是确定每株乔木的定位。

灌木种植图仅呈现项目中灌木的点位和种植区域。

植物种植详图明确了项目具体的植物种植要求。

植物统计表按类别分别统计植物的规格、数量及选型要求。

图3-9　植物施工图封面

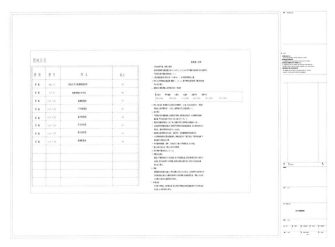

图 3-10　目录及设计说明

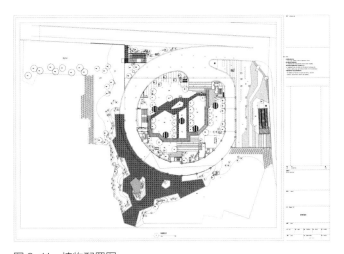

图 3-11　植物配置图

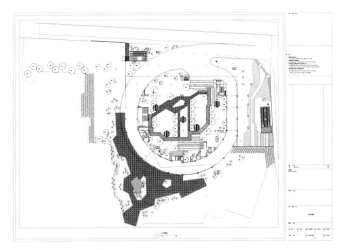

图 3-12　乔木种植图

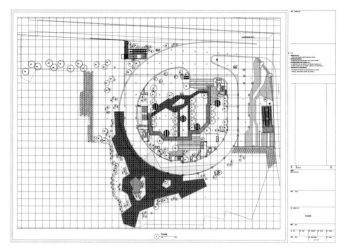

图 3-13　乔木种植网格图

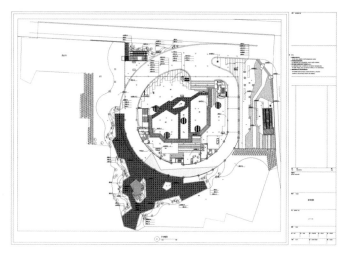

图 3-14　灌木种植图

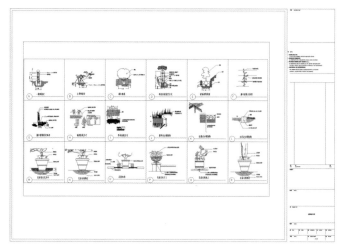

图 3-15　植物种植详图

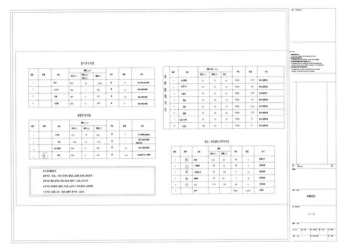

图 3-16　植物统计表

任务二作业

绘制庭园植物景观施工图。

活动名称：庭园植物景观施工图绘制。

活动内容：制作植物景观施工图封面、目录以及植物配置图、乔木种植图、乔木种植网格图、灌木种植图、植物种植详图及植物统计表。

成果要求：参照给出的游园植物施工图，基于庭园景观方案及前期植物空间分析成果，结合任务一中的施工图设计说明，绘制全套庭园植物施工图，并进行施工图排版（A3 图幅）。

码3-4

项目四 ∣ 植物景观综合设计

通过学习本项目，学生应该具备进行不同类别项目植物设计的能力，具体表现如下。

1. 认识不同城市绿化项目的类型及其特征。

2. 认识城市道路植物造景的内容要求，并能结合相应的规范要求执行相应的设计任务。

3. 认识城市广场植物造景的内容要求，并能结合相应的规范要求执行相应的设计任务。

4. 认识居住区植物造景的内容要求，并能结合相应的规范要求执行相应的设计任务。

任务一 城市道路植物造景

任务学习目标

通过对本任务的学习，学生应该达到以下目标。

1. 了解城市道路植物造景的概念。

2. 了解城市道路植物造景的功能。

3. 能识别城市道路绿化形式。

4. 能结合相应的规范要求，开展城市道路植物造景。

职业素养

1. 树立自主学习意识，如总结学习笔记、查阅行业规范等。

2. 能够将书本知识和现实场景相结合，在平时的生活中完成知识转化。

3. 热爱现场，在执行设计任务时，充分深入现场，完成现场踏勘。

4. 有较强的合作意识。

学习活动 1 认识城市道路类型

码4-1

一、城市道路植物造景的概念及功能

1.城市道路植物造景的概念

城市道路植物造景指城市内各级道路两侧、中心环岛和立交桥四周街头绿地等区域的植物种植设计。

2.城市道路植物造景的功能

城市道路植物造景具有组织交通、美化街景、改善城市生态以及改善城市面貌的作用，具体表现如下。

（1）在道路中间设置中央分隔带，可减少车流之间的相互干扰。

（2）机动车道与非机动车道之间设置分隔带，有利于缓和快慢车混行的矛盾，使不同速度的车辆在各自的车道上行驶。

（3）在交叉路口布置的交通岛进行植物造景，可以起到组织交通、保证行车安全的作用。

二、城市道路绿地的相关概念

1.道路红线

道路红线指规划的城市道路（含居住区级道路）用地的边界线。

2.绿化覆盖率

绿化覆盖率是城市各类型绿地垂直投影面积占城市总面积的比率，是衡量城市环境质量及居民生活水平的重要指标之一。

表 4-1 城市道路绿化要求

道路红线宽度（m）	> 45	30~45	15~30	< 15
绿化覆盖率	20	15	10	酌情设置

3.绿地率

绿地率是指城市建成区内各绿化用地总面积占城市建成区总用地面积的比例。也可计算建成区内特定地区的绿地率。绿地率＝（绿地面积/某地区总用地面积）×100%。

4.道路绿地

道路绿地指道路及广场用地范围内可进行绿化的用地，分为道路绿地、交通岛绿地和停车场绿地。

（1）道路绿带：道路红线范围内的带状绿地，分为分车绿带、行道树绿带和路侧绿带。

分车绿带是指车行道之间可以绿化的分隔带，位于上下行机动车道之间的为中间分车绿带，位于机动车道与非机动车道之间或同方向机动车道之间的为两侧分车绿带。

行道树绿带是布设在人行道与车行道之间，以种植行道树为主的绿带。

路侧绿带是指从人行道外缘至建筑红线之间的绿带。

（2）交通岛绿地：交通岛是为控制车辆行驶方向和保障行人安全设置的装饰绿地，可以分为导流岛、分隔岛、安全岛3类。

导流岛是为把车流导向制定的行进路线而设置的交通岛，可以指导车辆按照设计的路线行驶。在一些占地面积大、交通量大，特别是转向交通比较多的交叉口应考虑设置导流岛，可以使行驶路线清晰，合理组织交通。

分隔岛用于分离同向和对向的交通，通常设在没有分隔带的交叉口。分隔岛可以提醒驾驶员前面有交叉口，还可以调节交叉口附近的交通。交叉口的分隔岛通常用来分隔交通车道道路的对向车流。交叉口在曲线切点或平曲线加宽部分会造成线条在视觉上有扭曲的效果。这时使用分隔岛，可以利用曲线分流交通，而无须使用反向曲线。

图4-1　道路绿带

安全岛给车辆和行人提供庇护空间，在行人和非机动车穿越道路时为其提供帮助和保护。同时，导流岛以及分隔岛也可作为安全岛。

（3）停车场绿地：位于停车场及其周边的绿地。

图 4-2　交通岛

图 4-3　停车场绿地

三、常见城市道路绿化形式

1.一板两带式

一板两带式指中间是车行道（机动车与非机动车不分流），两侧是人行道，在人行道上种植一行或多行行道树。

特点：简单整齐、管理方便，相对来说比较经济，但当车行道过宽时行道树的遮阴效果较差，而且景观效果比较单调。同时，车辆混合行驶，不利于组织交通。

2.两板三带式

两板三带式除了将在车行道两侧的人行道上种植行道树之外，还用一条有一定宽度的分车绿带将车行道分成双向行驶的两条车道。

特点：适于车辆较多而人流量较少的地段，可减少车辆相向行驶时的相互干扰。

3.三板四带式

三板四带式利用两条分车绿带将车行道分成三条，中间为机动车道，两侧为非机动车道，加上车道两侧的行道树，此种形式共4条绿带。

特点：绿化量大，生态效益好，景观层次丰富；解决了机动车和非机动车混行、互相干扰的矛盾，从而使交通方便、安全。

4.四板五带式

四板五带式利用三条分车绿带将车行道分成四条——两条机动车道和两条非机动车道，也就是将非机动车道和机动车道都分别分成上下行两条，以保证行车安全。

特点：适于车速较高的城市主干道或城市环路系统，用地面积大，但其中的绿地可考虑用栏杆代替，以节约城市用地。

人行道　　　　　　机动车道　　　　　人行道

图4-4　一板两带式城市道路断面图

人行道　　　机动车道　　中间分车绿带　　机动车道　　　人行道

图 4-5　两板三带式城市道路断面图

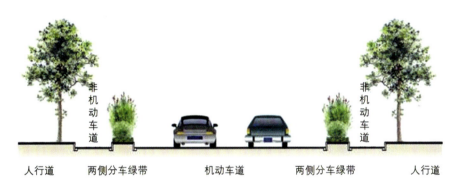

人行道　　　两侧分车绿带　　　机动车道　　　两侧分车绿带　　　人行道

图 4-6　三板四带式城市道路断面图

人行道　两侧分车绿带　机动车道　中间分车绿带　机动车道　两侧分车绿带　人行道

图 4-7　四板五带式城市道路断面图

思考题

1. 复述城市道路绿地相关概念的定义。

2. 阐述几种道路绿地的特征。

实践题

判断校园外的城市主干道属于哪种绿化形式。

码4-2

学习活动 2　认识城市道路植物造景形式

城市道路绿带的植物造景包括分车绿带、行道树绿带和路侧绿带。不同区域由于其功能不同，植物设计的原则也不同。

一、分车绿带

分车绿带是车行道之间的隔离带，包括两侧分车绿带和中央分车绿带。

1.分车绿带植物造景的原则

（1）形式简洁、树形整齐、排列一致。为了避免干扰驾驶员的视线和分散其注意力，分车绿带的植物配置不宜过于丰富，而应追求整洁、简单的效果。

（2）保证交通安全。与植物造景相关的安全因素是多方面的，如乔木的分枝点高对行车的影响，树冠对行车区域的干扰，落叶、花絮等潜在的视线干扰因素。

（3）结合周边条件，塑造道路景观特色。城市道路代表了一个城市的形象，植物是城市道路景观中最具代表性的元素，可通过种植乡土树种、组团式种植等手法来塑造景观特色。

2.分车绿带的类型

（1）中央分车绿带。其主要功能是遮挡相向行驶车辆的眩光，保障行车安全；同时作为城市绿地，可营造出富有特色的景观。

（2）两侧分车绿带。这是距交通污染源最近的绿带，可滤减烟尘、减弱噪声，并对非机动车有庇护作用。

（3）绿带特殊节点。在斑马线、路口等绿带的端部，通常采用点景树或具有一定体量的组团式景观作为提示，同时需要满足车辆和行人的通行需求。

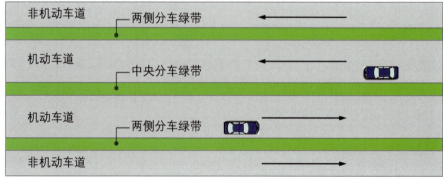

图 4-8　分车绿带位置示意图

图 4-9　中央分车绿带

图 4-10　两侧分车绿带

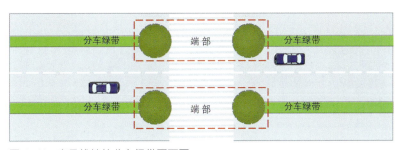

图 4-11　斑马线处的分车绿带平面图

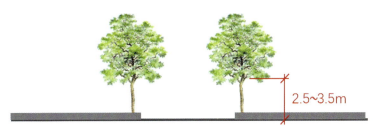

端部采取通透式配置

图 4-12　斑马线处的分车绿带断面图

143

二、行道树绿带

行道树绿带指布设在人行道与车行道之间，以种植行道树为主的绿带。其主要有树池式与树带式两种。

1.行道树种植要求

行道树通常一侧供车辆通行，另一侧供行人通行。种植行道树时首先需保证车辆和行人的通行安全，其次需保证树木生长必要的营养面积，即树干之间的距离不小于4m，树干与路缘石的距离不小于0.75m，以保证其根系的生长空间，使其得以正常生长。

2.行道树绿带的类型

（1）树池式。树池式指通过独立的树池种植行道树的方式，在交通量大，行人较多而人行道较狭窄的地方，宜采用树池式。

（2）树带式。树带式指在人行道和车行道之间给行道树留出一条不加铺装的种植带。上层通常选择适宜的乔木，下层采用球类灌木或小灌木结合地被植物进行植物造景。

图4-13　行道树种植间距示意图

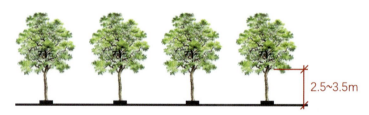

图4-14　行道树分枝点示意图

图4-15　采用树池式种植的行道树

图 4-16　采用树带式种植的行道树

三、路侧绿带

路侧绿带是人行道外缘和周边地块建筑红线之间的绿化用地，通常有 3 种形式。

（1）建筑红线与道路红线重合，路侧绿带毗邻建筑布设，也成为建筑的基础绿带。

（2）建筑退让红线后留出人行道，路侧绿带位于两条人行道之间。

（3）建筑退让红线后在道路红线外侧留出绿地，路侧绿带与道路红线外侧绿地结合而形成整体绿带。

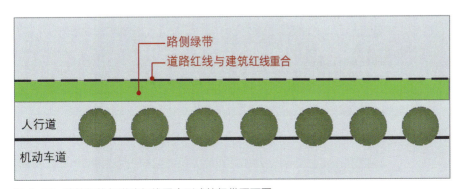

图 4-17　建筑红线与道路红线重合形成的绿带平面图

图 4-18　建筑红线与道路红线重合形成的绿带

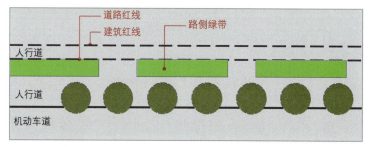

图 4-19　建筑退让红线后留出人行道形成的绿带平面图

图 4-20　建筑退让红线后留出人行道形成的绿带

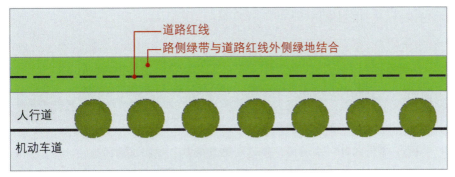

图 4-21　建筑退让红线后在道路红线外侧留出绿地形成的绿带平面图

图 4-22　建筑退让红线后在道路红线外侧留出绿地形成的绿带

思考题

1. 分车绿带（包括两侧分车绿带和中央分车绿带）、行道树绿带和路侧绿带的设计原则分别是什么？

2. 当人行道空间不足时，往往采用在铺装中点缀式种植行道树的方式，树池范围内通过哪些处理方式能尽量保证行人通行顺畅？

实践题

列举 10 个以上重庆市常用的行道树品种，然后查询资料了解海南省、山东省常用的行道树品种各 10 个，阐述重庆市和它们在行道树品种应用上的异同。

学习活动3 实施城市道路植物造景

一、项目分析

（1）项目概况。本项目为标准的四板五带式城市道路布局，要求是在长度100m的标准段道路上完成植物设计。

（2）项目地址。本项目位于重庆市某区县，是新城区的城市主干道。项目地址将影响植物品种的选择，是进行植物设计前需要了解的基本信息。

（3）种植带空间尺度分析。

人行道（含绿带）：宽度3m，由于宽度有限，为保证行人通行顺畅，绿化不宜过多占用人行道空间，因此该区域采用树池式种植方式，在人行道铺装地面种植乔木，保证乔木的分枝点高、乔木之间的距离（大于4m）以及乔木与路缘石之间的距离（大于0.75m）满足设计要求。

两侧分车绿带：宽度2.5m，种植带的宽度满足乔、灌、草组合种植的条件，可形成层次分明的植物效果。

中央分车绿带：宽度1.5m，受限于种植带宽度，该区域不宜种植乔木，一是因为其未来生长条件受限，二是因为树冠直接进入车行道上方，存有安全隐患。为避免相向行驶车辆的相互干扰，宜种植高灌木进行遮挡。

二、现状调查

城市道路植物现状踏勘需要关注的要点如下。

（1）种植植物的限制条件，主要包括上空的电线和地下的管网，它们都会影响植物品种的选择。在一些特定的高压线下部区域禁止种植乔木，管网上部垂直区域不宜种植乔木，避免集中荷载。本项目无上空电线，地下管网与植物种植带无冲突。

（2）土壤情况。土壤是植物后期生长条件的有力保障，其保水性、透气性、营养成分等影响后期植物生长的因素，都是植物设计师的关注点。本项目的土壤为砂质壤土，局部砾石较多的地段进行了种植土换填。

（3）城市道路调研。通过调研，了解现有城市道路植物景观的设计手法及品种选择，在进行该路段植物设计时，有意识地营造出差异化、有特色的植物景观。

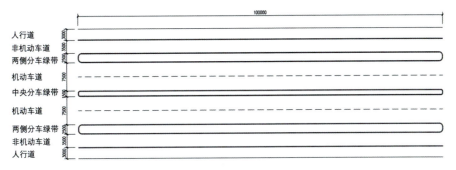

图 4-23 100m 城市道路标准段（单位：mm）

图 4-24 四板五带式城市道路施工现场

三、植物方案设计

1.指导思想

结合《城市道路工程设计规范》要求，体现"以人为本"的设计理念。充分考虑实地实情，植物设计适地适树，使设计与施工实现高度融合。植物景观具备遮阴的功能，注重季相变化，并选择花期长的植物品种。

2.具体设计

本项目为四板五带式城市道路绿化设计，分为人行道绿带、两侧分车绿带、中央分车绿带。

（1）人行道绿带

种植形式：树池式。

植物构思：深根性、分枝点高、冠大荫浓、生长势强、适应城市道路环境条件，且落果对行人不会造成危害的树种。

（2）两侧分车绿带

种植形式：形式简洁、树形整齐、排列一致。

植物构思：绿带宽度大于 1.5m 的，以种植乔木为主，常绿与落叶、观花与观叶、乔木与灌木相结合。

（3）中央分车绿带

种植形式：形式简洁、树形整齐、排列一致。

植物构思：阻挡相向行驶车辆的眩光，在距相邻机动车道路面高度0.6~1.5m 的范围内，宜配置常年枝叶茂密的植物；以高灌木为主，观叶和观花植物搭配种植。

3.植物品种选择

表 4-2　不同绿带选择的植物品种

行道树绿带	乔木：香樟、银杏、天竺桂
分车绿带	花乔：白玉兰、紫薇、红叶李
	灌木：小叶女贞、红花檵木、金叶女贞、红叶石楠、海桐

4.植物方案设计图绘制

将上述具体设计的理念通过图纸进行表达。一般来讲，对于道路标准段通过平面图结合断面图即可表达相应的空间关系，但重要的路段也需通过效果图或鸟瞰图表达空间的整体效果。

（1）植物方案平面图。平面图中需表现植物的具体点位、树冠的比例关系、种植形式，并进行相应的标注。

（2）植物方案断面图。断面图中需表现植物的立面空间关系，并用接近具体植物品种的素材进行表达，一般会加入人物、车辆等配景元素，这样更能体现场景的真实感。

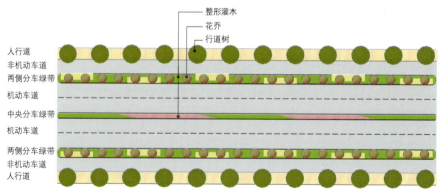

图 4-25　植物方案平面图

图 4-26 植物方案剖面图

四、植物施工图设计

在植物施工图设计说明中融入上述植物设计的理念，具体的设计说明参照项目三中施工图设计说明的相关内容。

1.植物种植总平面图

设计师需要在图中表现本项目应用的所有植物品种，图例和植物点位对应，大小和冠幅尺度对应。

2.乔木种植图

本项目人行道采用树池式种植的乔木品种选用了香樟，既能为行人遮阴，其四季常绿的特性也保证了城市道路的绿量，对除尘降噪起到一定作用。两侧分车绿带种植紫薇，其为落叶树种，与香樟搭配，营造出季相变化的效果；且紫薇花期长，在重庆一般可从 5 月持续到 9 月，满足设计要求。中央分车绿带尺度较小，不考虑种植乔木。

3.灌木种植图

灌木种植区域的边界为弧线时，往往能展示出流畅的美感，这在城市道路绿化中较常用，但想要体现出灌木种植区域的曲线美，其宽度一般需在 3m 以上，本项目条件受限，因此灌木采用直线型布局，整形灌木交错布置，营造出韵律感和节奏变化。在两侧分车绿带选用金叶女贞、海桐交错种植，在中央分车绿带选用小叶女贞、红叶石楠交错种植。

4.植物统计表

在植物统计表中，明确每种植物的具体规格、数量以及设计师对各个品种的选型要求。

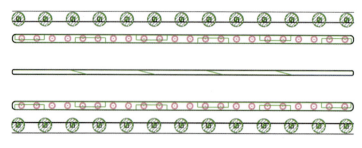

图 4-27 植物种植总平面图

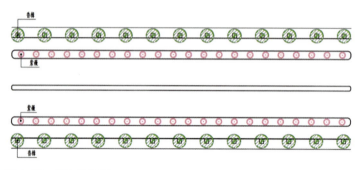

图 4-28 乔木种植图

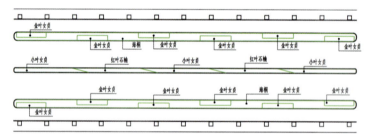

图 4-29 灌木种植图

表 4-3 植物统计表

乔木配置表					
植物品种名称	规格			数量	单位	备注
	高度 /cm	胸径 /cm	冠幅 /cm			
香樟	450~550	15~17	300~350	40	株	全冠、熟货
紫薇	200~250	6~7	150~200	80	株	全冠
灌木配置表						
植物品种名称	规格			数量	单位	备注
	高度 /cm		冠幅 /cm			
红叶石楠	80~85		45~50	180	株	袋苗，密度64株 / m²
小叶女贞	60~65		35~40	100	株	袋苗，密度64株 / m²
金叶女贞	40~45		25~30	100	株	袋苗，密度64株 / m²
海桐	40~45		25~30	260	株	袋苗，密度64株 / m²

思考题

试概括城市道路绿化行道树选择的总体原则。

实践题

在进行植物设计时，设计师在思考过程中通常利用手绘表达植物造景的空间关系，请完成一张城市道路植物空间的手绘图（A4 图幅以上，黑白线稿，场景内植物品种在 5 个以上）。

任务一作业

开展不同类型城市绿地的植物造景设计。

活动名称：城市道路植物造景方案设计。

活动时间：7 天（任务发布当天后一天起算）。

设计对象：校园外的城市主干道（重新设计，植物品种不能与现有品种重合）。

设计内容：完成城市道路植物造景方案设计文本，包括预估场地尺寸（为确保安全，不要求实地测量）、城市道路植物造景项目分析、现状调查、设计说明、平面图、断面图、植物品种列表等，并制作 PPT 文件。

任务二　城市广场植物造景

任务学习目标

通过对本任务的学习，学生应该达到以下目标。

1.能识别城市广场的概念和类型。

2.能识别城市广场植物造景形式。

3.能结合相应的规范要求，开展城市广场植物造景设计。

职业素养

1.增强学习的主动性。

2.学以致用，结合所学内容，在实际案例中进行广场空间分析。

3.注重培养自己的设计逻辑，在进行项目设计实操时，理清设计程序，完成每个步骤的设计任务，保证设计任务成果逻辑严谨、设计过程流畅高效。

码4-3

学习活动1 认识城市广场类型

一、城市广场的概念

城市广场是为满足多种城市生活需要而建设的，以建筑、道路、山水等围合，由多种软、硬质景观构成，具有一定的主题思想和规模的节点型城市户外公共活动空间。

二、城市广场的类型

1.市政广场

市政广场一般位于城市行政中心，属政治性广场，作为主体建筑的配套，结合建筑及城市规划通常采用规则式布局，有较大场地供群众休闲、节日庆祝联欢等活动使用。

2.纪念广场

纪念广场一般在建有具有重大纪念意义的建筑物，如塑像、纪念碑、纪念堂等的前面或四周布置活动场地、园林绿化景观，供群众瞻仰、纪念或进行传统教育。设计时应结合地形使主体建筑物突出、比例协调、氛围庄严肃穆。

3.商业广场

商业广场一般属于商业建筑的配套场地，是城市生活的中心区域，集贸易、购物、休闲、饮食于一体。商业广场造景一般以硬质场地为主，保证商业外摆空间及相应的商业活动对场地的需求得到满足。

4.交通广场

交通广场通常位于交通枢纽地段，如火车站、汽车站、航空港、水运码头及城市主要道路的交叉点，作为站点和城市交通的过渡地带，兼具疏散交通和休闲的功能。位于道路交叉点的纯绿化区域一般称作交通岛，如体量较大且设置有供人们休闲的停留区，可称作交通广场。

5.休闲娱乐广场

休闲娱乐广场供人们休息、娱乐、交流等的广场，一般位于城市公园等户外区域。

图 4-30　重庆人民广场

图 4-31　重庆红岩魂广场

图 4-32　成都远洋太古里广场

图 4-33　重庆北站北广场

图 4-34　环岛交通广场

图 4-35　某写字楼户外广场

思考题

简述城市广场的类型及其特点。

实践题

试结合项目实景图分析解读劳伦斯·哈尔普林的伊拉·凯勒水景广场设计方案，总结其优缺点及其给自己的启示。

备注：项目实景图请扫码获取

码4-4

学习活动 2 认识城市广场植物造景形式

一、城市广场植物种植的基本形式

1.排列式

排列式也称行列式，主要用于广场周围或者长条形地带，呈现出严整、规则的效果，通常用于隔离、遮挡或塑造背景。

2.集团式

集团式是使一种或几种树组成一个树丛形成集团，按一定规律排列在一定地段上，富于节奏和韵律美。

3.自然式

自然式是指树木疏落有序地自然排列。

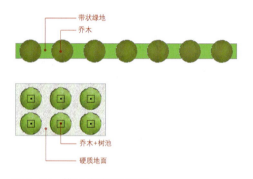

图 4-36 排列式种植平面图

图 4-37 荷兰阿姆斯特丹水坝广场排列式种植的乔木

图 4-38 日本榉树广场集团式种植的榉树

图 4-39 自然式种植的植物组合方式示意图

图 4-40　美国纽约佩利公园广场自然式种植的植物

二、不同类型的城市广场植物造景形式

1.市政广场

　　市政广场植物景观通常以规则式为主。在植物造景方面，规则式造景常采用绿篱、花坛、树列、树阵、可移动花箱等，局部的自然式造景常采用花池、花丛、树丛、树池、疏林草地等形式。

2.纪念广场

　　纪念广场是为了纪念人物或事件建立的广场，通常具有严肃的场景氛围。

　　纪念广场的植物景观设计应以烘托纪念气氛为主，按广场的纪念意义、主题来选择植物，并确定与之适应的配置形式和风格。在主景区常用阵列式、整形的植物来衬托庄重的空间。

3.商业广场

　　商业广场的植物景观设计应根据周围建筑和道路布局采用灵活多样的方式。

4.交通广场

　　交通广场主要具有组织交通的实用功能，其次是景观功能和生态功能。

　　交通广场的植物造景多以点缀的方式种植乔木,以便预留足够的通行空间。

5.休闲娱乐广场

　　休闲娱乐广场的功能多样，集文化教育、娱乐、健身、休闲观光、社交活

码4-5

动于一体。

休闲娱乐广场植物造景宜根据环境特点、各种活动需要和景观特征等综合因素合理配置植物。

城市广场对于植物品种的选择没有特殊要求和限制，除了一些基本要求外，还需考虑如下原则。

（1）利用乡土树种营造特色景观。各种类型的城市广场往往代表着城市的形象，在其中适当种植乡土树种，可以体现地域特色。

（2）优美的形态保证景观效果。植物形态包括体量大小、整体造型、枝叶质感等。城市广场，相较于其他区域，对植物形态要求更高，一是因为广场通常较开敞且植物多被多面观赏，二是因为广场是传递城市形象的窗口。

（3）防止安全隐患。城市广场通常游人量较大，游人与植物接触的机会更多，因此，要避免种植有毒的植物、带刺的植物、带有花絮的植物，并及时清理掉一些树龄较大的植物上的枯枝。

（4）提供林荫空间。在开敞的城市广场上，遮阴是乔木的重要功能之一，在造景时需要考虑为游人打造不同形式的林荫空间。

图4-41　泉城广场

图4-42　南京中山陵广场

图4-43　广州天环广场

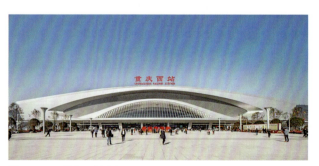

图4-44　重庆西站广场

图 4-45　嘉兴南湖市民广场

思考题

试比较城市广场和城市道路植物造景的原则的异同。

实践题

梵蒂冈试分析圣彼得广场中植物景观几近缺失的原因。

图 4-46　梵蒂冈圣彼得广场实景图

学习活动 3　实施城市广场植物造景

一、项目分析

本项目位于重庆市主城区，项目性质是商业广场，主要目的是为室内提供足够的外摆空间，植物设计要求有一定的季相变化效果，并能提供林荫空间。

（1）项目景观布局。项目位于商业建筑北侧，项目用地范围之外为原生和零星的老式居民楼，场地内部以大面积铺装为主，嵌有少量休闲木平台和异形坐凳。

（2）由于项目外围为原生林和老式居民楼，场地视线受阻，属内向型商业户外空间，设计时需弱化场地边界，让场地内部和外围原生林地融为一体。

（3）本项目需要在尺度狭小的空间中营造出丰富的植物景观，需组织好植物的立面关系，兼顾建筑内部的视线效果和户外停留空间的体验感。

二、现状调查

在充分理解项目景观方案的基础上，设计师需深入现场调研，主要关注以下两个方面。

图 4-47　商业广场景观平面布局图

（1）场地限制条件。本项目的限制条件主要包括场地内离地约 5m 高的架空车行道（如景观平面布局图所示），这对植物种植点位有重大影响；其次是场地受建筑、架空车行道以及周边山头的影响，整体阳光照射时长十分有限（平均约 4 小时 / 天）。此外，场地空间十分狭小，大体量植物入场受限。

（2）场地内的土质情况。本项目场地内无现存种植土，需外购种植土回填。设计师在设计说明中明确外购种植土的要求即可。

三、植物方案设计

1.指导思想

根据景观布局划分的绿地范围，拟划分出不同的植物主题区域，兼顾室内视线效果的同时，在户外营造不同的体验感。此处由于阳光照射时长不足，为避免压抑，宜以落叶树种为主。

2.具体设计

（1）入口区域。入口区域选用花乔将其沿绿地边界进行线性种植，形成一定的序列感，强调引导性。

（2）中心节点区域。此节点位于架空车行道下，同时设有休闲区域，拟搭配斜生乔木，一是利用植物弱化架空车行道的压抑感，二是为休闲区域提供林荫空间。

（3）架空车行道下部空间。为消除架空车行道的厚重感，此区域注重立面景观的营造，可采用色叶植物形成连续的立面植物景观效果。

（4）露天外摆空间。该区域是人流量最多的区域，可采用一些趣味性较强的植物，强调参与感。

3.植物品种选择

入口区域选用樱花，使其呈线性种植，起引导作用。中心节点区域选用枝叶饱满的丛生朴树，作为视觉焦点。架空车行道下部空间选用银杏进行立面景观营造，其挺拔的姿态强调竖向的拉伸感，银杏为落叶树种，不会完全遮挡外围的原生林。露天外摆空间选用香柚作为主要树种，其花朵带有清淡的香味，果实给人以亲近感。

4.植物方案设计图绘制

（1）植物方案平面图。图中不同的图例表示不同的植物品种，不同的大小表示不同冠幅的植物，同时也需表达出灌木种植的空间关系。通常在图中明确种植边界（线性）即可，不过分强调表现具体的植物品种。

（2）植物效果图。在设计植物空间时，设计师往往根据空间的特征选择

图 4-48　场地外围的现状图

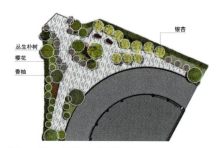

图 4-49　植物方案平面图

图 4-50　植物效果图及主要树种
示意图

图 4-51　商业广场植物造景效果图

合适的方式进行效果表达，由于该商业广场尺度较小，设计师选择全景鸟瞰图来表现植物空间，清晰明了。另外对于局部，也通过人视点的透视图做补充表达。

四、植物施工图设计

在植物施工图设计说明中融入上述植物设计的理念，具体的设计说明参照项目三中施工图设计说明的相关内容。

1.植物种植总平面图

设计师需要在图中表现本项目应用的所有植物品种，图例和植物点位对应，大小和冠幅尺度对应。

2.乔木种植图

将 4 种主要的乔木品种布置到相应的区域，并根据需要辅以其他品种。设计时在施工图中需要进一步把握每个植物品种的尺度和比例关系，并准确标注其种植点位。

3.灌木种植图

在进行组团式种植时，灌木通常包括球类灌木和片植灌木两类，为避免图面重叠，设计时应用两张图纸绘制灌木种植图。

　　球类灌木选用了海桐球、瓜子黄杨球，另外用自然形态的四季桂作为不同高度植物之间的过渡。

　　片植灌木包括南天竹、春鹃、小叶女贞等色叶植物和开花植物，营造丰富、富于季相变化的植物景观。

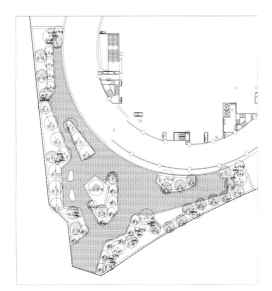

图 4-52　植物种植总平面图

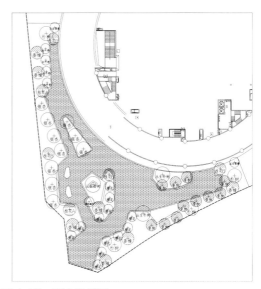

图 4-53　乔木种植图

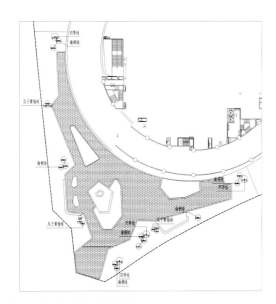

图 4-54　球类灌木平面图

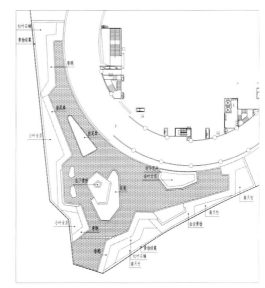

图 4-55　片植灌木平面图

4.植物统计表

在植物统计表中，明确每种植物的具体规格、数量以及设计师对各个品种的选型要求。

表 4-4　植物统计表

乔木配置表					
植物品种名称	规格			单位	数量	备注
	高度 /cm	胸径 /cm	冠幅 /cm			
桂花 A	550~600	23~24	500~550	株	1	全冠、熟货
桂花 B	450~500	16~17	400~450	株	2	全冠、熟货
香樟	750~800	24~25	400~450	株	2	全冠、熟货
丛生紫薇	300~350		300~350	株	3	全冠、熟货
香柚	400~450	16~17	400	株	5	全冠、熟货
丛生朴树	900~1000		550~650	株	1	全冠、熟货
朴树	800~900	25~26	450~500	株	1	全冠、熟货
银杏	700~800	22	350~400	株	6	全冠、熟货
红叶李	300~350	13~14	250~300	株	2	全冠、熟货
樱花	400~450	15~16	350~400	株	6	全冠、熟货
鸡爪槭	200~250	12	200~250	株	1	全冠、熟货

灌木配置表					
植物品种名称	规格		单位	数量	备注
	高度 /cm	冠幅 /cm			
海桐球	150	150	株	12	—
瓜子黄杨球	120	120	株	9	—
四季桂	250	250	m²	3	袋苗，密度 36 株 / m²
黄杨绿篱	180	60~70	m²	10	袋苗，密度 49 株 / m²
小叶女贞	100	30~35	m²	5	袋苗，密度 64 株 / m²
南天竹	50~55	40~45	m²	9	袋苗，密度 36 株 / m²
红叶石楠	45~50	30~35	m²	6	袋苗，密度 64 株 / m²
金边黄杨	30~35	25~30	m²	6	袋苗，密度 64 株 / m²
金叶女贞	30~35	25~30	m²	8	袋苗，密度 64 株 / m²
狼尾草	50~60	40~45	m²	6	袋苗，密度 16 株 / m²
春鹃	25~30	20~25	m²	11	袋苗，密度 64 株 / m²
瓜子黄杨	25~30	25~30	m²	4	袋苗，密度 64 株 / m²
花境	—	—	m²	12	—
草坪	—	—	m²	22	细叶结缕草

思考题

试概括各类城市广场绿化树种选择的总体原则。

实践题

在植物设计时，设计师在思考过程中通常利用手绘表达植物造景的空间关系，请完成一张城市广场植物空间的手绘图（A4图幅以上，黑白线稿，场景内植物品种在3以上）。

任务二作业

开展不同类型城市绿地的植物造景设计。

活动名称：城市广场植物造景方案设计。

设计对象：城市广场（参照提供资料）。

设计内容：完成城市广场植物造景方案设计文本，包括城市广场植物造景项目分析、现状调查、设计说明、平面图、断面图、效果图、植物品种列表等，并制作PPT文件。

说明：其他资料请扫码获取。

码4-6

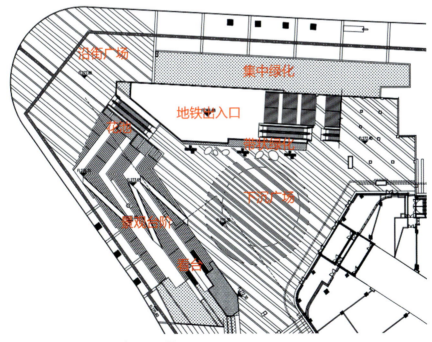

图4-56 某城市广场景观布局平面图

任务三　居住区植物造景

通过对本任务的学习，学生应该达到以下目标。

1. 能识别居住区绿地类型。

2. 能知道居住区植物造景要求。

3. 能识别居住区植物造景形式。

4. 能结合相应的规范要求，开展居住区植物造景设计。

1. 具备自主学习能力。

2. 学以致用，结合所学内容，在自己所在的小区进行居住区空间分析。

3. 注重培养自己的设计逻辑，在进行项目设计实操时，理清设计程序，完成每个步骤的设计任务，保证设计任务成果逻辑严谨、设计过程流畅高效。

学习活动1　认识居住区绿地类型

码4-7

一、居住区绿地类型

居住区绿地包括公共绿地、宅旁绿地、配套公建绿地和道路绿地。

1.公共绿地

公共绿地主要包括居住区公园（居住区级）、小游园（小区级）和组团绿地（居住组团）以及其他块状、带状公共绿地等。公共绿地作为居民户外活动的主要载体，需要满足居民日常的户外活动需求，通常来讲，其设计要点如下。

（1）体现居住区特色。契合居住区整体定位，营造有特色的植物景观。

（2）通过植物分隔，创造多样空间。利用植物强化场地的空间感，营造舒适的公共休闲氛围。

（3）注意夏季遮阴及冬季光照。设计时需充分考虑植物的生长条件，保证植物生长状态良好。

（4）绿化应与建筑保持合理距离。为植物的生长预留足够的空间，同时不影响室内采光。

（5）组团种植应以乔、灌木搭配种植为主。组团搭配，营造丰富的植物节点效果。

2.宅旁绿地

宅旁绿地指两排住宅之间的绿地，其大小和宽度取决于楼间距，一般包括宅前、宅后以及建筑物本身的绿化区域。该区域由于靠近建筑，在规范要求（主要为消防规范）和种植条件上都有更多限制，其设计要点如下。

（1）满足居民通风、日照的需要。该区域的植物种植不宜过于密集，遮挡隐私的同时，满足室内居民居住和植物生长的需求。

（2）因地制宜，采取乔、灌、草相结合的植物群落配置形式，保证绿量的同时营造富于节奏变化的植物景观。

（3）宜在入口、休息场地等主要部位增加高大落叶乔木的配置。高大落叶乔木主要用于弱化建筑的生硬感，并成为一个区域的昭示性节点。

（4）小路靠近住宅时，植物配置应避免对住宅采光造成影响。

3.配套公建绿地

配套公建绿地一般在边角区域，整体设计要求相对简单，具体如下。

（1）宜运用多种绿化方式形成绿化隔离带。配套公建绿地一般用于遮挡不良视觉区域，宜注重，营造丰富的视觉效果。

（2）铺装场地宜种植高大浓荫乔木。浓荫乔木具有良好的遮挡效果，通常采用天竺桂、广玉兰等常绿乔木。

（3）对存在一定危险且独立设置的市政公共设施，应进行绿化隔离；对垃圾转运站、锅房等应进行绿化隔离。

（4）教育类公建绿化种植应满足相关建筑日照要求，并可适当提高开花、色叶植物种植比例。

（5）配套停车场、自行车停车处宜建设为绿荫停车场，并应符合下列规定:树木间距应满足车位、通道、回车半径的要求。庇荫乔木枝下高应符合下列规定：①大、中型汽车停车场应大于4.0m；②小型汽车停车场应大于2.5m；③自行车停车场应大于2.2m；④场地内种植池宽度应大于1.5m，并应设保护措施。

4.道路绿地

道路绿地指居住区内道路红线以内的绿地，包括小区车行道绿地和各级人行步道绿地，其设计要点如下。

（1）应兼顾生态、防护、遮阴和景观功能，并应根据道路的等级进行绿化设计，把握好整体的空间关系。

（2）小区主要道路可选用有地方特色的观赏植物，形成特色路网绿化景观。

（3）小区次要道路绿化设计宜以提高人行舒适度为主，注重植物品种的丰富度和季相变化效果。

（4）小区其他道路应保持绿地内的植物有连续与完整的绿化效果。道路作为小区里的线性空间，对周边景观的节奏变化有较高要求。

（5）在小区道路的交叉口，视线范围内应采用通透式配置方式。

图 4-57　成都天湖湾公共绿地

图 4-58　周口志成九和府宅旁绿地

图4-59　配套公建绿地

图 4-60　小区步行道绿地

二、居住区植物配置的要求

1.植物品种选择的要求

居住区内的植物大多位于近人尺度范围内，相较于其他类型的空间，居民有更多接触植物的机会，其植物品种选择应符合下列规定。

（1）应优先选择观赏性强的乡土植物。

（2）应综合考虑植物习性及生境，做到适地适树。

（3）宜多采用保健类及芳香类植物，不应选择有毒有刺、散发异味及容易引起过敏的植物。

（4）应避免选择入侵性强的植物。

2.居住区绿化指标

我国规定居住区绿地面积至少占总用地面积的 30%，新建居住区绿地率要为 40%~60%，旧区改造绿地率不能低于 25%。《绿色生态住宅小区的建设要点和技术导则》还规定了一项指标：每 100 ㎡的绿地要有 3 株以上乔木；华中、华东地区木本植物种类不少于 50 种；华南、西南地区木本植物种类不少于 60 种，以保证居住区植物种类的多样性。

> **思考题**

阐述居住区绿地的不同类型及其设计要点。

> **实践题**

查阅资料，整理至少 3 种居住区中消防车道景观结合植物的处理方式，并结合相应规范阐述其是否符合要求。

学习活动 2　认识居住区植物造景形式

一、总体要求

居住区植物配置应符合下列规定。

（1）应以总体设计的植物景观效果为依据。植物设计基于小区整体的空间布局，因此设计师需充分理解景观方案的设计思想，在植物设计环节对其加以延续，保证项目设计的整体性。

（2）应注重植物的生态多样性，形成稳定的生态系统。植物具有良好的生态功能，如除尘降噪、净化空气等，在进行植物配置时，设计师需要有生态意识，科学、合理地营造植物生境。

（3）应满足建筑通风、采光的要求。满足植物的生长需求，是设计的基本前提。

（4）应注重乔、灌、草搭配、季相色彩搭配、速生慢生搭配，营造丰富的植物景观和空间。

（5）应保持合理的常绿与落叶植物比例，在常绿大乔木较少的区域可适当增加常绿小乔木及常绿灌木的数量。

码4-8

二、分项设计

在居住区中，景观空间通常按功能区域以不同的形式存在，均配套以绿地，主要的几类形式包括：①休闲节点绿地，通常以居住区中庭为主，往周边延伸；②宅旁及宅间绿地，用于适当遮挡建筑物；③车行道及人行道绿地，用于连接各个休闲节点；④儿童活动区绿地，儿童活动区在当代的居住区中属标配产品，具有一定的主题性。

1.休闲节点绿地

休闲节点通常位于中庭，常引入景观轴线以控制整体的空间关系。不同类型的景观轴线，将产生不同的景观秩序，给人们带来不同的观景感受，植物配置方式要与不同的轴线类型相适应。

进行植物配置时要处理好植物与景观节点之间的关系，做到植物与场地相融合。

（1）植物的空间布局上，契合整体景观的空间规划关系。在植物配置方面做到空间收放自如，植物搭配疏密有致。

（2）种植手法上，组团式结合点缀式。休闲节点因有停留需求，根据具体的观景、遮阴、遮挡视觉杂质等功能，选择合适的种植手法。

（3）植物的组合关系上，要求常绿、落叶树种搭配种植，注重植物层次关系，注重四季变化的效果。

（4）植物品种选择上，除了适地适树外，需要更加注重植物的树型，保证良好的视觉效果。

2.宅旁及宅间绿地

在宅旁和宅间的绿地空间中，最大的限制因素是植物和建筑的距离。需要考虑如下设计要点。

（1）绿化布局和树种的选择要体现多样化，以丰富绿化面貌。在楼栋入户口可选择不同树种，强化入户口的标志性作用。

（2）建筑附近管线比较密集，一般不宜选择深根性树种和根系侵略性强的植物，如小叶榕、黄葛树等。

（3）树木栽植不要影响建筑的通风、采光。

（4）绿化布置要注意尺度感。

3.车行道及人行道绿地

（1）小区干道。其常与消防车道相结合，植物在修饰和软化消防车道这类硬景方面起了很大作用。主要需要明确几个定义及其种植要求。

消防车道：指火灾时供消防车通行的道路。根据规定消防车道的净宽和净空高度均不应小于4.0m，消防车道上不允许停放车辆，防止发生火灾时堵塞。在居住区中，须确保消防车道畅通无阻。

消防扑救面：指的是登高消防车能够靠近高层主体建筑，便于消防车作业和消防人员进入高层建筑抢救人员和扑救火灾。

植物设计需要在满足这些规范要求的基础上进行，这对于设计师来讲是不小的挑战。

（2）宅间步道。其供居民漫步游赏，植物配置既要做到有景可观，又要做到疏密适中。

图 4-61 宅间绿地

图 4-62 宅旁绿地

图 4-63 小区干道绿地

图 4-64 宅间步道绿地

4.儿童活动区绿地

该区域的植物配置需要体现出对儿童的关怀，重点可从以下几个方面考虑。

（1）季节性。儿童活动区可营造出明显的植物季节变化特点，为儿童带来新鲜感，为其记忆增加画面感，这样能更好地引起儿童的兴趣。

（2）教育性。在进行植物搭配或选择植物品种时，可更加注重植物与儿童的互动性，如种植一些儿童绘本或课本中的植物品种，让儿童在体验园林的过程中受到教育。

（3）趣味性。一些植物的形态和特征具趣味性，容易引起儿童的兴趣，如含羞草被触碰时会收紧，佛手果实类似手指的形状，紫薇又被称为"挠痒树"。

（4）安全性。需要注意的是，一些植物品种具有潜在的危险性，需要避开。

表 4-5　儿童活动区不宜选取的植物品种

植物类别	易构成的威胁	植物品种实例
带刺的植物	易刺伤儿童皮肤	枸骨、剑麻、蔷薇、月季、刺槐、洋槐、黄刺梅、枣树、花椒、凌霄
刺激性的植物	易引起过敏	漆树
易发生病虫害的植物	易引起皮肤红肿	钻天杨、桑树、构树、乌桕、柿树
过多飞絮的植物	易引起呼吸道问题	法国梧桐、垂柳
有毒植物	易中毒	夹竹桃、滴水观音、藤萝、蓖麻、番红花

图 4-65　儿童活动区绿地

思考题

结合自己的理解复述居住区绿地中植物配置的总体要求。

实践题

试从植物空间布局、植物空间氛围、植物形态、植物品种选择等角度分析以下居住区中庭景观植物的优缺点。

学习活动 3 实施居住区植物造景

一、项目分析

本项目位于四川省巴中市，该区域为小区的公共休闲中心，属中庭景观的核心区。景观围绕会客厅（景观亭）展开，包括静水面、叠水、樱花树阵以及银杏夹道等。植物种植呼应景观空间关系，或疏朗，或紧凑，或规则，或自然。

二、现状调查

本项目在设计时主体结构尚未建设完成，整个中庭均位于车库顶板，在设计交底时，设计师已根据景观布局提出荷载要求。

该区域地面标高在离市政路面 20m 高的车库顶板之上，南侧视线完全打开，北侧为小区主体建筑，整体条件优越。

三、植物方案设计

1.指导思想

作为中庭区域的核心休闲区，设计时拟将其打造为丰富多样的停留空间，满足不同居民的户外休闲需求。西侧的会客厅区域相对私密，结合水面营造出静谧的休闲氛围。东侧树阵广场作为半露天休闲空间，结合叠水景观和自然式种植的植物组团，营造出轻松的休闲氛围。会客厅北侧，结合消防车道打造的银杏夹道，则作为小区的健身步道和主要的游步道。理清了每个区域的空间氛围，方可进行植物的具体设计。

2.具体设计

（1）西侧会客厅。该区域主体景观为会客厅，临近的水面设计为静水面，以营造安静的休闲氛围，作为停留频率较高的节点，植物品种选择中国传统园林中寓意良好的桂花和石榴作为主景树，这一场景也是对中国古典园林的现代表达，临水而亭，丹桂飘香。

（2）东侧树阵广场。该区域与会客厅不同，有一种休闲氛围，整体更加灵动和轻松，被叠水和乔木环抱，叠水区域种植丛生元宝枫，作为该区域与会客厅之间的半隔离带，增加景观的层次感。树阵区域营造主题植物区，种植樱花，与周边的银杏、元宝枫形成季节时差，保证园区景观的季相变化。

（3）北侧游步道。结合小区消防车道打造的游步道也是小区主要的健身步道，在符合消防规范的前提下，在绿地中行列式种植银杏，形成线性景观空间，增强其引导性，增加行走的舒适感。

3.植物品种选择

在确定的主景树银杏、樱花、丛生元宝枫、石榴、桂花之外，补充香樟、柚子等常绿植物保证绿量，点缀朴树、黄葛树等大型落叶树种以统领空间。

4.植物方案设计图绘制

（1）植物方案平面图。从图中可清晰地看到各个空间的衔接关系，各场景相对独立但视线上均有互动，由北至南空间视野逐渐打开，营造出丰富的空间效果。

（2）植物效果图。植物空间效果表达方式是多样的，通常包括植物立面图、局部透视图、全景鸟瞰图全景或者全景动画。本项目的植物空间关系在平面图中已得到清晰的展示，植物的整体鸟瞰图进一步细化了空间关系，局部节点的效果图展示了樱花树阵林下休闲场景氛围。

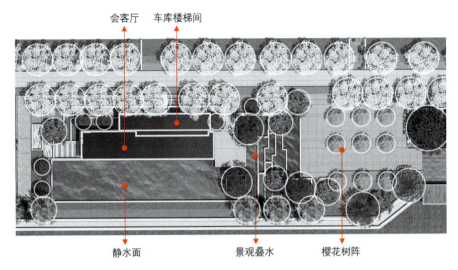

图 4-66　居住区中庭景观布局图

图 4-67　现状调查中工人在车库顶板铺设透水板

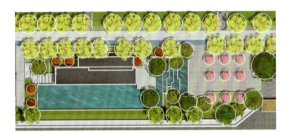

图 4-68　植物方案平面图

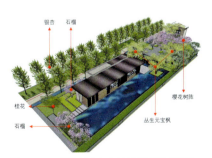

图 4-69　居住区中庭植物造景鸟瞰图

图 4-70　居住区中庭植物造景透视图

四、植物施工图设计

在植物施工图设计说明中融入上述植物设计的理念，具体的设计说明参照项目三中施工图设计说明的相关内容。

1.植物种植总平面图

总平面图用于展示整体的植物空间关系，包含该区域内种植的所有乔木和灌木品种。

2.乔木种植图

乔木采用了几种不同搭配方式：朴树＋香泡＋红枫、香樟＋日本晚樱、朴树＋丛生杨梅、香樟＋鸡爪槭，常绿、落叶乔木搭配，乔木的组合种植可保证不同的季相效果。

3.灌木种植图

（1）高灌木以灌木球和单株种植为主，位于中低层次，衔接花乔与小灌木、地被植物。选用品种：灰莉球、丛生桂、千层金球、海桐球、米兰球、黄榕球、三角梅球、龙血树等。

（2）低矮灌木及地被植物在乔木与地面、建筑物与地面之间起过渡作用，也可用作植物组团与草坪之间的界线。选用品种：鹅掌柴、红花满天星、花叶假连翘、小叶栀子、洒金珊瑚等。

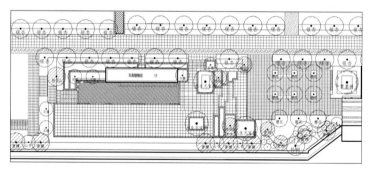

图4-71　植物种植总平面图

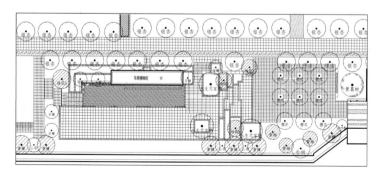

图4-72　乔木种植图

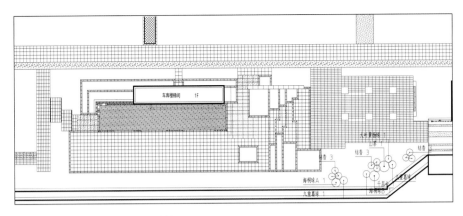

图 4-73 高灌木及球类灌木种植图

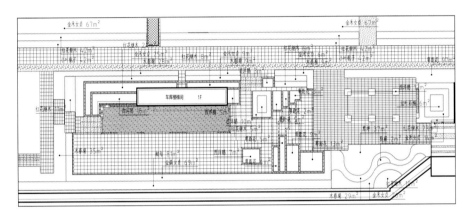

图 4-74 低矮灌木及地被植物种植图

4.植物统计表

植物统计表

乔木配置表						
植物品种名称	规格			单位	数量	备注
	高度 /cm	胸径 /cm	冠幅 /cm			
桂花 A	550~600	23~24	500~550	株	2	全冠、熟货
桂花 B	450~500	16~17	400~450	株	1	全冠、熟货
香樟	750~800	25~26	400~450	株	1	全冠、熟货
丛生元宝枫	800~900		550~650	株	5	全冠、熟货
香柚	400~450	16~17	400	株	2	全冠、熟货
黄葛树	900~1000	38~40	600~650	株	1	全冠、熟货
朴树	800~900	26~27	450~500	株	1	全冠、熟货
银杏	800~900	25	500~550	株	18	全冠、熟货
红叶李	350~400	15~16	300~350	株	3	全冠、熟货

续表

乔木配置表					
植物品种名称	规格			单位	数量	备注
	高度 /cm	胸径 /cm	冠幅 /cm			
樱花	500~550	17~18	400~450	株	9	全冠、熟货
山杏	350~400	14	300~350	株	3	全冠、熟货
石榴	350~400	15~16	300~350	株	2	全冠、熟货

灌木配置表					
植物品种名称	规格		单位	数量	备注
	高度 /cm	冠幅 /cm			
海桐球 A	150	150	株	6	
海桐球 B	120	120	株	9	
大叶黄杨球	100	100	株	6	
三角梅球	120	120	株	6	
山茶	150	120	株	9	
结香	100	100	丛	9	
蚊母	50~55	40~45	m²	12	袋苗，密度 25 株 / m²
金叶女贞	40~45	30~35	m²	20	袋苗，密度 36 株 / m²
红花檵木	30~35	25~30	m²	15	袋苗，密度 64 株 / m²
肾蕨	30~35	25~30	m²	15	袋苗，密度 64 株 / m²
木春菊	30~35	25~30	m²	20	袋苗，密度 64 株 / m²
萼距花	25~30	20~25	m²	14	袋苗，密度 64 株 / m²
小叶栀子	25~30	20~25	m²	12	袋苗，密度 64 株 / m²
西洋鹃	25~30	20~25	m²	16	袋苗，密度 64 株 / m²
草坪	—	—	m²	260	细叶结缕草

思考题

试阐述居住区植物造景设计与整体景观方案设计的关系。

实践题

在植物设计时，设计师在思考过程中通常利用手绘表达植物造景的空间关系，请完成一张居住区植物空间的手绘图（A4 图幅以上，黑白线稿，场景内植物品种在 5 个以上）。

任务三作业

开展不同类型城市绿地的植物造景设计。

活动名称：居住区景观植物造景方案设计。

设计对象：居住区（参照提供资料）。

设计内容：完成居住区植物造景方案设计文本，包括居住区植物造景项目分析、现状调查、设计说明、平面图、断面图、效果图、植物品种列表等，并制作 PPT 文件。

说明：项目资料请扫码获取。

码4-9

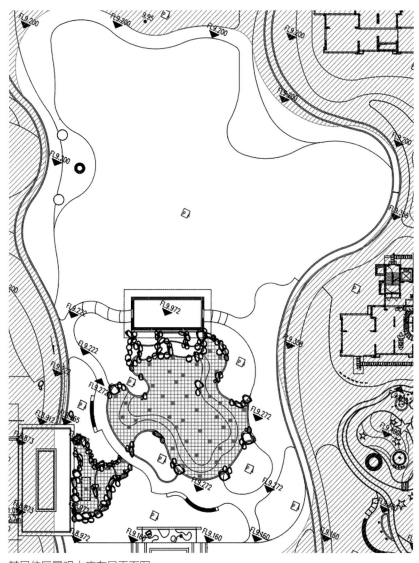

某居住区景观中庭布局平面图

参考文献
REFERENCES

［1］金煜.园林植物景观设计［M］.2版.沈阳：辽宁科学技术出版社，2015.

［2］苏雪痕.植物景观规划设计［M］.北京：中国林业出版社，2012.

［3］苏雪痕.植物造景［M］.北京：中国林业出版社，1994.

［4］陈有民.园林树木学［M］.2版.北京：中国林业出版社，2011.

［5］陈其兵.风景园林植物造景［M］.重庆：重庆大学出版社，2012.

［6］徐敏.景观植物设计［M］.2版.北京：人民邮电出版社，2019.

［7］赵莹，宋希强.热带观赏花卉学［M］.北京：中国建筑工业出版社，
　　2020.